EUL VERLAG

Reihe: Marketing · Band 49

Herausgegeben von Prof. Dr. Heribert Gierl, Augsburg, Prof. Dr. Roland Helm, Jena, Prof. Dr. Frank Huber, Mainz, und Prof. Dr. Henrik Sattler, Hamburg

Prof. Dr. Frank Huber
Katharina Riewe
Dr. Isabel Matthes
Johannes Vogel

Markenexpansionen erfolgreich gestalten

Ein empirischer Vergleich von Markenlizenzierung und Co-Branding am Beispiel einer Modemarke

EUL VERLAG

Bibliografische Information der Deutschen Nationalbibliothek

Die Deutsche Nationalbibliothek verzeichnet diese Publikation in der Deutschen Nationalbibliografie; detaillierte bibliografische Daten sind im Internet über <http://dnb.d-nb.de> abrufbar.

ISBN 978-3-89936-893-2
1. Auflage Februar 2010

JOSEF EUL VERLAG GmbH
Brandsberg 6
53797 Lohmar
Tel.: 0 22 05 / 90 10 6-6
Fax: 0 22 05 / 90 10 6-88
E-Mail: info@eul-verlag.de
http://www.eul-verlag.de

Bei der Herstellung unserer Bücher möchten wir die Umwelt schonen. Dieses Buch ist daher auf säurefreiem, 100% chlorfrei gebleichtem, alterungsbeständigem Papier nach DIN 6738 gedruckt.

Vorwort

Vermehrt führen Unternehmen neue Produkte unter dem schützenden Dach einer bereits etablierten Marke ein. Dabei kann der Markenrechtsinhaber die Erweiterung entweder selbst durchführen oder im Rahmen einer Markenlizenzierung mit einem externen Partner zusammenarbeiten. In der Modebranche und bei Luxusmarken besitzt eine solche Markenlizenzierung schon heute eine hohe Relevanz, häufig werden hier sogar höhere Lizenzumsätze als Eigenumsätze erzielt. Ein Schlüsselfaktor für den Erfolg eines neuen Produktes ist die eingesetzte Markenstrategie. Grundsätzlich kann ein Markeninhaber die Zusammenarbeit mit einem Partnerunternehmen offen im Rahmen einer Co-Branding-Strategie kommunizieren oder aber eine Markenlizenzierung ohne Nennung des Lizenznehmers durchführen. Dabei können jedoch möglicherweise unterschiedliche Einflussfaktoren den Erfolg der Strategie determinieren. Vor diesem Hintergrund nimmt die vorliegende Schrift einen Vergleich der zwei strategische Optionen der Markenexpansion – Markenlizenzierung und Co-Branding – vor, um eine Aussage darüber treffen zu können, welche spezifischen Einflussfaktoren für den Erfolg einer Markenexpansion berücksichtigt werden müssen.

Die Analyse von Markenexpansionsstrategien stellt eine hochbedeutsame, jedoch gleichermaßen untererforschte Thematik dar. Die Autoren der vorliegenden Schrift haben sich diesem Thema auf sehr anschauliche Weise und unter Berücksichtigung des aktuellen Forschungsstandes genähert. Die von den Verfassern durchgeführte empirische Studie liefert wertvolle Hinweise für eine erfolgreiche Gestaltung von Markenerweiterungen. „Markenexpansionen erfolgreich gestalten“ ist somit ein äußerst aktuelles Buch, das sich an Markenmanager und strategische Entscheidungsträger, aber auch an Marketingforscher wendet.

Mainz, Februar 2010

Frank Huber
Katharina Riewe
Isabel Matthes
Johannes Vogel

INHALTSVERZEICHNIS

ABBILDUNGSVERZEICHNIS

TABELLENVERZEICHNIS

1 RELEVANZ DER LIZENZVERGABE VON MODEMARKEN

In der Unternehmenspraxis besteht weitestgehend die Überzeugung, dass Marken die bedeutendsten immateriellen Vermögensgegenstände eines Unternehmens darstellen und somit zu den wichtigsten absatzpolitischen Instrumenten zählen.[1] Verstärkt führen Unternehmen deshalb ihre neuen Produkte unter dem schützenden Dach einer vertrauten, bereits etablierten Marke ein. Mittlerweile werden fast 90 Prozent aller Produktneueinführungen unter einer bereits bestehenden Muttermarke auf den Markt gebracht.[2] Das bedeutet, dass im Rahmen einer Markenerweiterung neue Produkte mit einem bereits etablierten Markenzeichen versehen werden.[3] Die Konzentration der Unternehmen auf wenige starke Marken, die auf immer breitere Produktportfolios angewendet werden, ist nicht verwunderlich, da die Einführung neuer Marken beziehungsweise die Führung bestehender Marken mit enormen Kosten verbunden ist.[4]

Die Erweiterung einer Marke kann grundsätzlich auf zwei Wegen erfolgen. Entweder kann der Markenrechtsinhaber die Erweiterung selbst durchführen oder im Rahmen einer Markenlizenzierung mit einem externen Partner zusammenarbeiten.[5] Die Markenlizenzierung bietet dabei dem Markenrechtsinhaber die Möglichkeit, durch die Zuhilfenahme von externen Ressourcen die Marke zu revitalisieren, zu verjüngen und auszuweiten.[6] Eine Studie von *Hartmann/Sattler/Völckner* (2003) zeigt, dass der Lizenzierung von Marken eine nicht unerhebliche wertmäßige Bedeutung zukommt. Allein im deutschsprachigen Raum wird der Umsatz mit Markenlizenzen auf rund 8,5 Mrd. € geschätzt.[7]

Die Bekleidungsbranche, in der die Marke als Kaufkriterium eine hohe Relevanz besitzt, weist hinsichtlich des Umsatzes und der Anzahl der Lizenzen einen fortgeschrittenen Entwicklungsstand auf.[8] Dabei erzielen manche Marken höhere Lizenzumsätze als Eigenumsätze.[9] Zu den bekanntesten deutschen Lizenzmarken der Bekleidungsbranche gehören Desig-

---

[1] Vgl. Kutz (2000), S. 1; Völckner (2003), S. 1; Ludewig (2006), S. 1.
[2] Vgl. Volkmann/Tarlatt/Steinbiß (2007), S. 14.
[3] Vgl. Sattler (2005), S. 505.
[4] Vgl. Aaker/Keller (1990), S. 27; Vogel/Huber (2007), S. 1.
[5] Vgl. Binder (1997), S. 179; Zatloukal (2002), S. 2; Völckner (2003), S. 82.
[6] Vgl. Zatloukal (2002), S. 2.
[7] Vgl. Hartmann/Sattler/Völckner (2003), S. 94; Sattler (2003), S. 2; Esch/Herrmann/Sattler (2008), S. 210.
[8] Vgl. Binder (2005), S. 535; Ludewig (2006), S. 3.
[9] Vgl. Binder (2005), S. 535.

nermarken wie *Boss, Joop*[10] und *Jil Sander*, die ihr luxuriöses, hochpreisiges Image auf Lizenzprodukte übertragen. Dies geschieht mit dem Ziel, dadurch andere Produktkategorien zu erschließen.[11] Schon seit vielen Jahren sind eine Vielzahl von Modeschöpfern mit dem Verkauf von Schmuck, Uhren, Düften etc. erfolgreich. Vor Jahren wagten sich die ersten Modemarken in den Bereich der Heimtextilien. Mit den Jahren erweiterten die Hersteller fortwährend ihr Programm, so dass viele Modemarken heute bereits ganze Wohnwelten anbieten. Mit dem Verkauf von Möbeln haben Modedesigner ein weiteres lukratives Geschäftsfeld entdeckt.[12] Wie die Mode- und Einrichtungswelt erfolgreich verknüpft werden kann, hat beispielsweise der Modedesigner *Armani* mit seiner Home Collection *Armani Casa* vorgeführt.[13]

In den vergangenen Jahren sind moderne, jüngere Lifestyle-Marken wie *Esprit* und *Zara* ähnliche Wege gegangen. Sogar die schwedische Modekette *Hennes & Mauritz* plant für dieses Jahr eine eigene Home Collection.[14] Auch diese Marken versuchen inzwischen mittels der Vergabe von Markenlizenzen neue Produktkategorien zu erschließen.[15] Der Modekonzern *Esprit* bietet beispielsweise seit 2006 die *Esprit Home* Collection an.[16] Angefangen von Wohnaccessoires wie Vasen, Tischdecken und Lampen bietet *Esprit* inzwischen auch Möbel an. Zu diesem Zweck vergibt das Unternehmen Lizenzen an entsprechende Möbelhersteller. Dass die Möbel von kompetenten, meist namhaften Möbelherstellern gefertigt werden, kommuniziert der Konzern aber nicht offen. Alle Produkte der Home Collection laufen unter dem Namen *Esprit home*. Selbst den Vertrieb überlässt der Modekonzern aber den Herstellern der Möbel.[17]

In diesem Zusammenhang stellt sich die Frage, ob es bei langlebigen Konsumgütern – wie es Möbel sind – nicht erfolgversprechender wäre, statt einer Markenlizenzierungsstrategie eine Co-Branding-Strategie[18] anzuwenden, das heißt, dass der Konzern offen kommuniziert, dass eine Kooperation mit einem kompetenten Möbelhersteller besteht. Dies liegt nahe, da sich die

---

[10] Die Marke Joop ist ein extremes Beispiel aus der Bekleidungsbranche. Diese operiert als reine Lizenzmarke ohne Eigenumsätze, vgl. Binder (2001), S. 388.
[11] Vgl. Binder (2005), S. 535.
[12] Vgl. o. V. (2008a).
[13] Vgl. Lippitz (2008).
[14] Vgl. o. V. (2008a).
[15] Vgl. Binder (2001), S. 398.
[16] Vgl. o. V. (2008b).
[17] Vgl. Lippitz. (2008).
[18] Co-Branding soll in diesem Zusammenhang als sichtbare, wahrnehmbare Zusammenarbeit zweier Marken verstanden werden, vgl. Baumgarth (2003), S. 30. Abzugrenzen ist hiervon die Markenlizenzierung, in der für die Abnehmer nur eine Marke sichtbar ist, vgl. Baumgarth (2003), S. 40.

Co-Branding-Strategie in den letzten Jahren immer größerer Beliebtheit erfreut, wie eine Unternehmensbefragung von *Baumgarth/Vetter* (2003) ergab.[19]

Ziel der vorliegenden Studie ist es daher, herauszufinden, welche Auswirkungen die Wahl der Markenexpansionsstrategie auf die Einstellung beziehungsweise die Kaufabsicht der Konsumenten hinsichtlich einer Markenexpansion hat. Ferner gilt es, spezifische Einflussfaktoren der jeweiligen Strategien zu identifizieren, um – darauf aufbauend – Handlungsempfehlungen abgeben zu können. Die spezifischen Erfolgsfaktoren sind insofern von Relevanz, da sich die bisherige Forschung primär mit Markentransfers im kurzlebigen Konsumgüterbereich beschäftigt hat.[20] In der vorliegenden Untersuchung wurde explizit eine Markenexpansion im Bereich der langlebigen Konsumgüter gewählt.

Im Rahmen dieser Zielsetzung werden im zweiten Kapitel zunächst die Markenlizenzierungs- und Co-Branding-Strategie erläutert, insbesondere deren Ausprägungsformen sowie ihre spezifischen Chancen und Risiken. Der zweite Teil dieses Kapitels beschäftigt sich im Anschluss daran mit ausgewählten Theorien im Kontext dieser Strategien sowie Erläuterungen zum Kernkonstrukt Einstellung. Mit der Darstellung des Zusammenhangs zwischen Einstellung und Kaufabsicht schließt das zweite Kapitel ab. Im dritten Kapitel wird dann aus den theoretischen Vorüberlegungen heraus – unter Einbeziehung relevanter Studien der Markentransfer- und Co-Branding-Forschung – ein Hypothesensystem zur Ermittlung der potenziellen Einflussfaktoren auf die Einstellung gegenüber einer Markenexpansion hergeleitet. Dieses Hypothesensystem erfährt dann im vierten Kapitel eine empirische Überprüfung. Nach der Interpretation der Ergebnisse und der Formulierung von Implikationen für die Marketingforschung und -praxis schließt eine auswertende Betrachtung im fünften Kapitel die Studie ab.

---

[19] Vgl. Baumgarth/Vetter (2003).
[20] Vgl. Sattler/Völckner (2006), S. 70.

2 MARKENLIZENZIERUNG UND CO-BRANDING ALS OPTIONEN DER MARKENEXPANSION

2.1 Optionen der Markenexpansion

Bei Marken, die aufgrund ihrer Stärke über noch nicht ausgeschöpfte Umsatz- und Ertragspotenziale verfügen, können Markenexpansionsstrategien Anwendung finden. Zum einen kann sich die Expansion auf neue geographische Absatzräume (geographische Expansion) und zum anderen auf neue Produkte (Markenerweiterungen) beziehen.[21] Im Falle einer geographischen Expansion steht einer Marke grundsätzlich die Verfolgung einer multinationalen, einer globalen oder einer internationalen Markenstrategie offen.[22] Im Rahmen einer Markenerweiterungsstrategie wird die Anzahl der unter einer Marke angebotenen Produkte und Dienstleistungen vergrößert.[23] Dabei kann der Transfer der Marke entweder auf neue Produkte der gleichen Produktkategorie (Line Extension) oder auf neue Produkte einer anderen Produktkategorie (Franchise Extension bzw. Category Extension) erfolgen. Ferner unterscheidet man, ob Markentransfer auf Neuprodukte des eigenen Unternehmens (unternehmensinterner Markentransfer) oder auf Neuprodukte eines oder mehrerer anderer Unternehmen (unternehmensexterner Markentransfer) erfolgt. Der unternehmensexterne Markentransfer erfolgt über die Vergabe von Markenlizenzen an ein oder mehrere Unternehmen. Das bedeutet, dass für die Markenerweiterung externe Ressourcen beziehungsweise Kompetenzen genutzt werden.[24]

Der Begriff des Markentransfers wird in der Marketingliteratur sehr unterschiedlich definiert. Oftmals werden synonym die Begriffe Brand Extension,[25] Brand Leveraging,[26] oder Markenerweiterung (-ausdehnung)[27] verwendet, welche sich jedoch teilweise inhaltlich sehr unterscheiden. Gemeinsam haben jedoch alle, dass sie die Identität einer Marke für neue Produkte nutzen, indem sie ein gemeinsames Markenkonzept für das Stamm- und das Erweiterungsprodukt verwenden. Ziel ist es, positive Imagebestandteile auf das Neuprodukt zu übertragen.[28] Aufgrund der Vielzahl an unterschiedlichen Begriffen und Definitionsansätzen, die sich zumeist erheblich voneinander unterscheiden, ist es für die vorliegende Studie notwendig, den

---

[21] Vgl. Meffert/Burmann/Kirchgeorg (2008), S. 379.
[22] Vgl. Meffert/Burmann/Koers (2005), S. 193.
[23] Vgl. Meffert/Burmann/Kirchgeorg (2008), S. 379.
[24] Vgl. Zatloukal (2002), S. 1.
[25] Vgl. Aaker/Keller (1990); Smith/Park (1992), S. 296; Kardes/Allen (1991), S. 392; Dawar/Anderson 1994, S. 119.
[26] Vgl. Farquar (1989), S. 29; Lane/Jacobson 1995, S. 63.
[27] Vgl. Meffert/Burmann/Kirchgeorg (2008), S. 378; Meffert/Burmann/Koers (2005), S. 196.
[28] Vgl. Meffert/Burmann/Koers (2005), S. 197.

Begriff des Markentransfers inhaltlich zu alternativen Begriffen abzugrenzen und zu definieren. In der Literatur wird häufig der Begriff des Markentransfers ausschließlich auf die Ausdehnung der Marke in eine neue Produktkategorie bezogen. Jedoch erweisen sich die Grenzen zwischen einzelnen Produktkategorien als fließend, so dass eine Abgrenzung in diesem Bezug nicht sinnvoll ist.[29] Daher wird im Rahmen dieser Studie solch einer engen Sichtweise nicht gefolgt und unter Markentransfer sowohl die Markenerweiterung in eine neue Produktkategorie (Category Extension) als auch in die alte Produktkategorie (Line Extension) verstanden.

Bei einer Line Extension (Produktlinienerweiterung) wird innerhalb der bisher bearbeiteten Produktkategorie die Anzahl der unter der Marke angebotenen Produkte und Dienstleistungen vergrößert.[30] Bei einer klassischen Line Extension wird die Marke durch das zusätzliche Angebot von technisch-funktional ähnlichen Leistungen innerhalb der Produktkategorie oder der Marktsegmente, die an den bisherig bearbeiteten Markt angrenzen, ausgedehnt. Ein Beispiel für diese klassische Produktlinienerweiterung ist die Markenerweiterung der *Nivea*-Creme auf andere Hautcreme-Produkte. Zudem kann eine Markenerweiterung in preislich und qualitativ höher oder niedriger positionierten Marktsegmenten erfolgen (Trading-up bzw. Trading-down). Exemplarisch für ein Trading-up ist die Einführung des Herren-Luxuslabels *Baldessarini* von der Marke *Boss*. Ferner kann das Leistungsangebot einer Marke auf die vor- und/oder nachgelagerten Stufen der Wertschöpfungskette (Vorwärts-/Rückwärtsintegration) ausgeweitet werden. Ein Beispiel für eine Vorwärtsintegration ist die Ausdehnung der Reiseveranstaltermarke *TUI* durch den Aufbau von *TUI ReiseCentern*.[31]

Bei einer Category Expansion erfolgt eine Ausdehnung in neue, nicht verwandte Produktkategorien.[32] Im Rahmen dieser Strategie wird die Marke in grundlegend neue Märkte, die keinen technisch-funktionalen Zusammenhang mit der ursprünglichen Marke aufweisen, übertragen. Die Implementierung der beschriebenen Expansionsstrategien (geographische Expansion, Line Extension, Category Extension) kann in Form einer Lizenzierungs-, Co-Branding- oder Autarkiestrategie erfolgen.[33] Bei der Autarkiestrategie wird eine Markenexpansion mittels der im Unternehmen vorhandenen Kompetenzen und Ressourcen autark realisiert.[34] Wenn

[29] Vgl. Zatloukal (2002), S. 2.
[30] Vgl. Meffert/Burmann/Koers (2005), S. 200; Meffert/Burmann/Kirchgeorg (2008), S. 379.
[31] Vgl. Meffert/Burmann/Koers (2005), S. 200 f.
[32] Vgl. Meffert/Burmann/Kirchgeorg (2008), S. 379.
[33] Vgl. Meffert/Burmann/Koers (2005), S. 201.
[34] Vgl. Meffert/Burmann/Koers (2005), S. 208.

Ressourcen und Kompetenzen intern jedoch nicht ausreichend verfügbar sind, so kann das Unternehmen durch eine Lizenzierungsstrategie dennoch Erweiterungspotenziale ausschöpfen.[35] Bei der Co-Branding-Strategie wird im Gegensatz zu der Lizenzierungs- und Autarkiestrategie, bei denen immer nur eine Marke in Erscheinung tritt, das Leistungsangebot durch zwei oder mehrere Marken markiert.[36] In der nachfolgenden *Abbildung 1* werden die Begriffsabgrenzungen nochmals graphisch veranschaulicht.

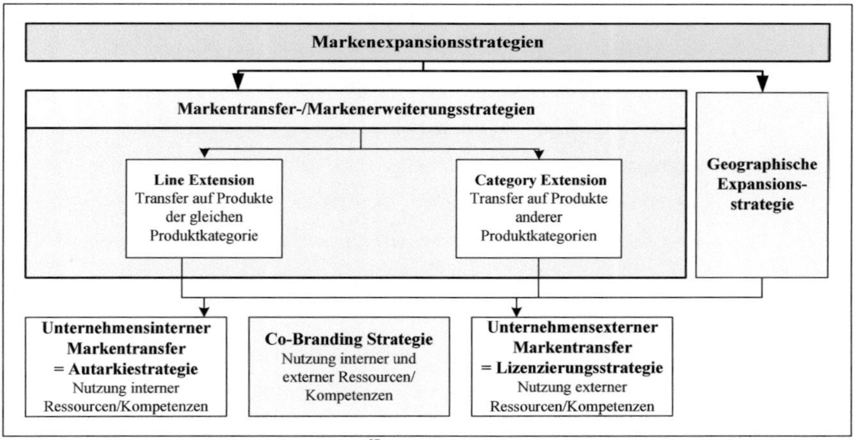

Abbildung 1: Optionen der Markenexpansion[37]

Das wesentliche Charakteristikum einer Markenexpansionsstrategie ist also die Übertragung einer bereits im Markt etablierten Marke auf ein neues Produkt.[38] Die Markierung eines neuen Produktes kann dabei in unterschiedlicher Weise erfolgen. Zum einen kann das neue Produkt ausschließlich mit dem Namen der Muttermarke gekennzeichnet werden (Markentransferstrategie) oder der etablierte Markenname enthält eine weitere Bezeichnung (Sub-Brand). Ferner kann der Name des neuen Produktes aus mehreren bekannten Markennamen zusammengesetzt sein (Markenallianzen bzw. Co-Branding).[39] Durch den zusätzlichen Markennamen kann die Ähnlichkeitsbeurteilung von Muttermarke und Transferprodukt in dem Sinne beeinflusst

[35] Vgl. Meffert/Burmann/Koers (2005), S. 211.
[36] Vgl. Meffert/Burmann/Koers (2005), S. 206.
[37] In Anlehnung an Meffert/Burmann/Kirchgeorg (2008), S. 378.
[38] Vgl. Hätty (1989), S. 49; Aaker/Keller (1990), S. 27; Kardes/Allen (1991), S. 392.
[39] Vgl. Farquar/Han/Herr (1992) S. 37; Keller/Aaker (1992), S. 22; Boush (1993), S. 309; Milberg/Park/McCarthy (1997), S. 120.

werden,[40] als dass eine weniger starke Anlehnung des Neuproduktes an das Image der Muttermarke erfolgt, da die Konsumenten nur solche Markenassoziationen auf das neue Produkt transferieren, die für dieses relevant erscheinen. Eventuell wahrgenommene Inkonsistenzen zwischen der Muttermarke werden eher akzeptiert.[41] In der vorliegenden Untersuchung soll der Fokus auf die Markenlizenzierungsstrategie und die Co-Branding-Strategie gelegt werden, so dass diese beiden Strategien in den nachfolgenden Kapiteln näher erläutert werden.

2.2 Grundlagen der Markenlizenzierungsstrategie

2.2.1 Markenlizenzierung als strategische Option der Markenexpansion

In den letzten Jahren ist die Marke in der Marketingtheorie und -praxis immer mehr in den Mittelpunkt des Interesses gerückt.[42] Wenn man Marken als „Vorstellungsbilder in den Köpfen der Anspruchsgruppen, die eine Identifikations- und Differenzierungsfunktion übernehmen und das Wahlverhalten prägen",[43] definiert, so wird die Bedeutung von Marken für ein Unternehmen ersichtlich. Die Entwicklung von neuen Marken – unabhängig davon, ob diese in der alten oder in einer neuen Produktkategorie eingesetzt werden – ist mit hohen Kosten und Akzeptanzproblemen bei den Konsumenten und dem Handel verbunden.[44] Daher hat die Ausnutzung des Markenwertes[45] einer bereits etablierten Marke eines Unternehmens in den letzten Jahren immer mehr an Bedeutung gewonnen. Bei Marken, die Erweiterungspotenzial besitzen, gilt es festzustellen, ob die notwendigen Ressourcen und Kompetenzen in einem Unternehmen bestehen, um diese Erweiterung eigenständig durchzuführen. Sind diese nicht ausreichend vorhanden, so kann das Unternehmen das Erweiterungspotenzial mittels der Vergabe von Lizenzen ausschöpfen.[46] Das bedeutet, dass die Markenlizenzierung an Bedeutung gewinnt, wenn ein Unternehmen ein Produkt nicht selbst herstellen kann oder will, oder wenn ein Unternehmen auf bestimmten Märkten nicht präsent ist. Bei dieser Form der Markenerweiterung bedient sich ein Markeninhaber fast ausschließlich (bzw. weitgehend) der Ressourcen und Kompetenzen eines anderen Unternehmens.[47]

---

[40] Vgl. Boush (1993), S. 309.
[41] Vgl. Milberg/Park/McCarthy (1997), S. 125 f.
[42] Vgl. Esch (2007a), S. 191.
[43] Esch/Herrmann/Sattler (2008), S. 194.
[44] Vgl. Esch et al. (2005), S. 909.
[45] Unter dem Begriff Markenwert versteht man den Wert der Marke aus Sicht der Konsumenten. Mit Marketingmaßnahmen haben Unternehmen bei den Konsumenten bestimmte Vorstellungen und Assoziationen zur Marke aufgebaut. Diese prägen dann den Wert einer Marke, vgl. Esch et al. (2005), S. 910.
[46] Vgl. Meffert/Burmann/Koers (2005), S. 203.
[47] Vgl. Esch/Herrmann/Sattler (2008), S. 210.

Lizenzfähig sind in diesem Zusammenhang gemäß § 30 Abs. 1 des Markengesetzes eingetragene Marken, durch Verkehrsgeltung entstandene Marken sowie notorisch bekannte Marken. Die Art und Weise der Ausgestaltung der Markenlizenz ist dabei sehr vielfältig. Mit dem Lizenzvertrag können neben der Ausschließlichkeit einer Marke Regelungen über personelle, zeitliche, räumliche, sachliche und qualitative Aspekte getroffen werden.[48] Grundsätzlich räumt bei einer Markenlizenzierung der Inhaber einer Marke einem anderen Unternehmen das Recht ein, diese Marke (Markenname, Markenlogo, Markensymbole etc.) für seine Produkte zu nutzen.[49] Dabei bezieht sich das Nutzungsrecht entweder auf neue Produkte, die der Marken(rechts)inhaber selbst nicht vermarktet oder auf Regionen, in denen der Marken(rechts)inhaber nicht mit seinen eigenen Produkten präsent ist.[50] In Bezug auf die Markenrechte bedeutet dies, dass es sich um eine „vom Berechtigten autorisierte Verwendung eines Markenzeichens durch einen anderen als dessen Inhaber“[51] handelt. Für die Vergabe dieses Nutzungsrechts erhält der Lizenzgeber vom Lizenznehmer eine Lizenzgebühr.[52] Diese Eigentumsverhältnisse spielen jedoch bei der Markenwahl für den Konsumenten keine Rolle.[53] Vor diesem Hintergrund ergibt sich die folgende Definition der Markenlizenzierung: „Markenlizenzierung ist eine kommerzielle und damit gewinnorientierte Nutzung einer Popularität auf Basis einer Lizenzvergabe, mit dem Ziel, Produkte und/oder Marken emotional zu positionieren und dadurch den Absatz zu erhöhen“.[54] Es existiert eine Vielzahl an Formen der Markenlizenzierung. Im folgenden Kapitel soll eine Kategorisierung der unterschiedlichen Ausgestaltungsformen vorgenommen werden.

2.2.2 Formen der Markenlizenzierung

Bei den Grundformen der Markenlizenzierung unterscheidet man Brand Extension Licensing, Brand Promotion Licensing und International Brand Licensing.[55] Brand Extension Licensing ist eine gewinnorientierte Nutzung einer Marke auf Basis einer Lizenzvergabe durch vollständige oder teilweise Abtretung des Markenrechts an einen oder mehrere Lizenznehmer.[56] Das Ziel des Brand Extension Licensing besteht in der Übertragung wesentlicher Imagefaktoren einer Marke auf neue Produkte in neuen Marktsegmenten. Durch die Übertragung der spezifi-

---

[48] Vgl. Bruhn/Homburg (2001), S. 398.
[49] Vgl. Binder (2005), S. 525.
[50] Vgl. Binder (2001), S. 387.
[51] Kutz (2000), S. 32.
[52] Vgl. Esch (2007b), S. 385.
[53] Vgl. Schweiger (1995), S. 926.
[54] Böll (1999), S. 5.
[55] Vgl. Binder (2005), S. 537 f.; Braitmayer (1998), S. 47 ff.
[56] Vgl. Pepels (2007), S. 305.

schen Imagefaktoren der Marke erhalten die Lizenzprodukte ihre Positionierung und Differenzierung gegenüber den Wettbewerbsprodukten. Folglich führt die Wiedererkennung dieser Imagefaktoren zum Kauf des Lizenzproduktes.[57] Normalerweise unterbleiben hier Kannibalisierungseffekte zwischen den Lizenzprodukten und anderen Produkten der Marke, da üblicherweise die neuen Produkte auf ein anderes Kundenproblem ausgerichtet sind.[58] In Europa kennt man Brand Extension Licensing in erster Linie aus den Bereichen Mode- und Prestigemarken, wie beispielsweise bei Modemarken wie *Armani, Dior* oder Automarken wie *Jaguar* und *Porsche*. Mittels dieser Form der Lizenzierung wird das luxuriöse und hochpreisige Image auf Lizenzprodukte übertragen. Aber auch jüngere Lifestyle-Marken wie *Esprit, S. Oliver* und *Mexx* haben in den letzten Jahren mittels der Lizenzvergaben neue Produktkategorien erschlossen. Zudem ist Brand Extension Licensing aus dem Lebensmittelbereich bekannt, wie zum Beispiel bei Marken wie *Mövenpick, Natreen* oder *Feinkost Käfer*.[59]

Bei der zweiten Grundform der Markenlizenzierung, dem Brand Promotion Licensing, handelt es sich um Artikel, die kein unmittelbares Verbraucherproblem lösen, sondern sich vielmehr auf die Befriedigung des Verbraucherstrebens nach Identifikation mit der Marke beziehen. Hierbei handelt es sich meist um Geschenk-, Werbe-, Sympathie- und Fanartikel.[60] Das grundsätzliche Streben nach einem nachhaltigen Markterfolg der Produkte mittels der Lizenzvergabe grenzt das Brand Promotion Licensing vom Merchandising ab. Denn Merchandising umfasst die Gesamtheit aller Maßnahmen, die ein Hersteller beim Einzel- und Großhandel zum Zwecke der Absatzförderung durchführt.[61]

Erfolgt die Lizenzvergabe hingegen über den Heimatmarkt hinaus, spricht man von International Brand Licensing. Diese dient der Expansion auf den ausländischen Markt, also der geographischen Erweiterung des Absatzraumes. Oft ist dies der einzige Weg für ein Unternehmen, in einen ausländischen Markt zu expandieren.[62] Die Gründe für die Vergabe solcher Lizenzen können hohe Markteintrittsbarrieren, die Verderblichkeit der Ware beim Export oder zu hohe Exportkosten sein. Ein weiterer Grund ist, dass ein wirtschaftlicher Aufbau von

[57] Vgl. Binder (2005), S. 538.
[58] Vgl. Braitmayer (1998), S. 28; Binder (2005), S. 398.
[59] Vgl. Binder (2005) S. 525; Ludewig (2006), S. 38.
[60] Vgl. Binder (2005), S. 536.
[61] Vgl. Böll (1996), S. 19 ff.; Bruhn/Homburg (2001), S. 554.
[62] Vgl. Meffert/Burmann/Koers (2005), S. 203.

Produktions- und Vertriebsstätten im Auslandsmarkt nicht möglich ist.[63] Zudem können rechtliche Rahmenbedingungen eine Lizenzierung unumgänglich machen.[64] Die Vergabe von internationalen Lizenzen beinhaltet das Recht für den Lizenznehmer, die Produkte unter einer bestimmten Marke herzustellen und zu vertreiben. Meist erhält der Lizenznehmer vom Lizenzgeber hinsichtlich der Entwicklung und Herstellung der Produkte strenge Vorgaben. Die Erschließung von ausländischen Märkten durch die Lizenzvergabe nutzen beispielsweise international tätige Brauereien wie *Löwenbräu* oder *Hofbräu,* die mit ausländischen Brauereien bei der Bierproduktion kooperieren. Bei Spirituosen und Bekleidung erfolgt die Lizenzvergabe zumeist nur in Bezug auf die Markenführung und den Vertrieb. Die Herstellung der Produkte verbleibt hierbei im inländischen Stammbetrieb.[65]

Von diesen Grundformen der Markenlizenzierung können noch verschiedene Sonderformen unterschieden werden, bei denen nicht Marken im engeren Sinne im Mittelpunkt der Vereinbarung stehen, sondern vielmehr markenähnliche Phänomene, die Konsumenten als solche wahrnehmen.[66] Zu nennen ist hier beispielsweise die Vergabe von Lizenzen von Designernamen wie zum Beispiel *Jil Sander* (Designer Licensing) oder von bekannten Personen wie Schauspielern oder Sportlern (Personality Licensing). Lizenzen werden aber auch für erfundene Charaktere wie den Pink Panther der *Deutschen Telekom* (Character Licensing) vergeben. Zudem eignen sich auch Events wie beispielsweise die Olympischen Spiele – aufgrund ihres bei der Zielgruppe hohen Bekanntheits- und Identifikationsgrades – für die Lizenzvergabe (Event Licensing). Aber auch Lizenzierung berühmter und beliebter Orte wie beispielsweise St. Moritz (Location Licensing) oder von Kunst (Art Licensing) eignen sich ideal für Lizenzprogramme.[67]

Von den genannten Formen der Markenlizenzierung, die sich dadurch auszeichnen, dass sie durch die Kooperation mit unternehmensexternen Partnern zustande kommen, sind interne Markenlizenzierungen abzugrenzen. Interne Markenlizenzierungen treten in international tätigen Konzernen in Bezug auf die Konzernmarken auf. Die Lizenzvergabe erfolgt jedoch nur zum Zwecke der Gewinnverlagerung oder um den Anforderungen der Finanzbehörde zu ent-

[63] Vgl. Binder (1997), S. 190.
[64] Vgl. Meffert/Burmann/Koers (2005), S. 203.
[65] Vgl. Binder (2005), S. 538; Ludewig (2006), S. 39.
[66] Vgl. Binder (2005), S. 538; Ludewig (2006), S. 39.
[67] Vgl. Binder (2005), S. 538; Ludewig (2006), S. 39; Braitmayer (1998), S. 49 ff.

sprechen.[68] In *Abbildung 2* sind die unterschiedlichen Formen der Markenlizenzierung nochmals zusammengefasst dargestellt.

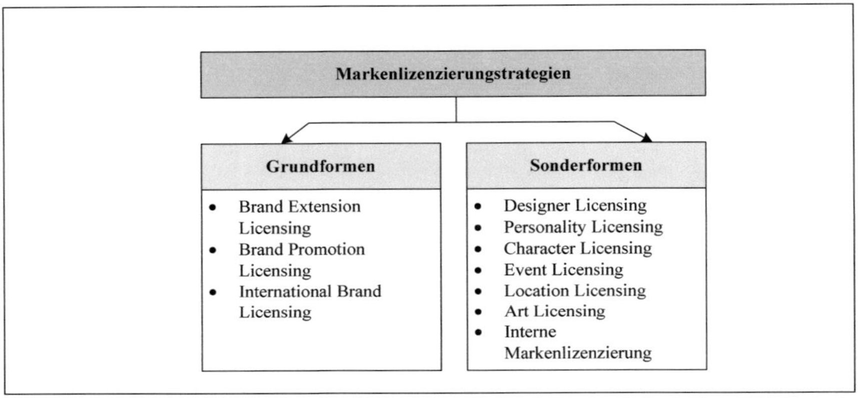

Abbildung 2: Formen der Markenlizenzierung

Die vorliegende Untersuchung bezieht sich auf das Brand Extension Licensing. Im Folgenden soll auf die Chancen und Risiken der Markenlizenzierungsstrategie näher eingegangen werden.

2.2.3 Chancen und Risiken der Markenlizenzierungsstrategie

Die Wahl einer Markenlizenzierungsstrategie kann Chancen sowie Risiken mit sich bringen – sowohl für den Lizenznehmer als auch für den Lizenzgeber. Im Folgenden wird der Fokus auf die aus der Lizenzierung resultierenden wesentlichen Chancen und Risiken für den Lizenzgeber, sprich den Markeninhaber und denen mit der Marke gekennzeichneten neuen Produkten gelegt, da das Ziel der vorliegenden Studie in der Bewertung verschiedener Markenexpansionsstrategien aus Sicht des Markeninhabers besteht.

Ein wesentlicher Vorteil der Vergabe von Markenlizenzen liegt darin, dass sich der Lizenzgeber auf sein Kompetenzfeld, in Form von Know-how in bestimmten Produktbereichen, Verfahren, Produktionstechniken, konzentrieren kann. Für die nicht in den Kompetenzbereich des Unternehmens fallenden Produkte kann sich das Unternehmen hingegen kompetente Partner

[68] Vgl. Binder (2005), S. 538.

suchen.[69] Denn im Normalfall wird dem Lizenznehmer das Recht einräumt, das Lizenzprodukt zu entwickeln, herzustellen und zu vertreiben, so dass sich die Partner auf die Bereiche konzentrieren können, in denen sie jeweils im Wettbewerb überlegen sind.[70] Durch eine sorgfältige Erweiterung des Produktprogramms, das heißt einer Ausrichtung auf weitere Problemfelder und dabei Rückgriff auf externe Ressourcen und Kompetenzen von Kooperationspartnern, lässt sich die von den Nachfragern wahrgenommene Markenkompetenz gezielt erweitern, ohne in einen langfristigen und aufwendigen Prozess investieren zu müssen um interne Kompetenzen aufzubauen.[71] Mittels der Kooperation wird ferner ein beidseitiger Imagetransfer in der Form angestrebt, dass eine Übertragung positiver Imagekomponenten von der etablierten Marke auf das Erweiterungsprodukt erfolgen und zudem das Image des Erweiterungsproduktes zur Stärkung der Stamm-Marke beitragen soll.[72] Aus der Markenerweiterung kann dann eine Imageverbesserung resultieren.[73] Durch eine verbesserte Positionierung kann sich ferner eine Revitalisierung beziehungsweise Verjüngung der Marke ergeben.[74] Ein weiterer Vorteil dieser Strategie ist der Zugang zu für den Lizenzgeber völlig neuen Vertriebskanälen. Das bedeutet, dass der Lizenzgeber durch die Vertriebsbemühungen des Lizenznehmers für ihn neue Marktsegmente und Regionen erreichen kann und dort bekannt wird.[75] Somit ist durch die Lizenzvergabe für die Produktion und/oder den Vertrieb eines Produktes ein ressourcenschonendes Wachstum in neue Märkte möglich.[76]

Smith/Park (1992) zeigen in einer Untersuchung zu Kostenvorteilen von Markentransferstrategien im Vergleich zu Neuproduktstrategien, dass das Verhältnis der Werbeausgaben zum Umsatz bei Markenerweiterungsprodukten unter einer Marke niedriger ist als bei Produkten mit eigenständigen Produktmarken.[77] Zudem fallen hohe Einführungs- beziehungsweise Bekanntheitskosten einer neuen Marke weg.[78] Das bedeutet, dass Kostenvorteile in der Markenführung realisiert werden können. Denn Kommunikationskosten, Kosten der Markenführung und Kosten der Produktentwicklung unterliegen dem Gesetz der Economies of Scale.[79] Demnach ist eine „doppelt so große Marke (…) in der Markenführung 20 bis 40 Prozent günstiger

[69] Vgl. Balling (2007), S. 84; Binder (1997), S. 181, Esch/Hermann/Sattler (2008), S. 210.
[70] Vgl. Binder (2005), S. 530.
[71] Vgl. Binder (2005), S. 530; Ludewig (2006), S. 52.
[72] Vgl. Esch et al. (2005), S. 912.
[73] Vgl. Aaker (1990), S. 49.
[74] Vgl. Hätty (1994), S. 576.
[75] Vgl. Binder (2005), S. 530.
[76] Vgl. Kutz (2000), S. 136.
[77] Vgl. Smith/Park (1992), S. 304 ff.
[78] Vgl. Hätty (1989), S. 290 ff.
[79] Vgl. Esch (2007b), S. 387.

als ihre mittleren Mitstreiter".[80] Ferner erzielt der Markeninhaber einen Einkommensstrom in Höhe der Lizenzeinnahmen, denen in der Regel kein investiertes Kapital gegenübersteht.[81] Der Umfang und die Intensität des markenrechtlichen Schutzes kann durch die Lizenzvergabe ebenfalls in dem Sinne erhöht werden, dass der Markenschutz auf die Produkte oder Dienstleistungen, die im Rahmen der Markenlizenzierung angeboten werden, erweitert wird.[82] Langfristig kann die Markenloyalität insofern gesteigert werden, als dass der Konsument durch die Erweiterung des Produktprogramms unter einer Marke zusätzliche Möglichkeiten der Markenverwendung erhält.[83] Ferner lässt sich durch die Erweiterung einer Marke und entsprechender Marketingmaßnahmen die Markenbekanntheit steigern.[84]

Den Vorteilen stehen im Rahmen einer Markenlizenzierungsstrategie auch potentielle Risiken gegenüber. Zum einen bedeutet die Vergabe von Markenlizenzen immer die Bindung des Lizenzgebers an den Kooperationspartner (Lizenznehmer) für einen bestimmten Zeitraum. Die Lizenzvereinbarung untersagt dabei oftmals, dass der Lizenzgeber in entsprechenden Produktbeziehungsweise Dienstleistungsklassen selbst tätig wird.[85] Durch die Kooperation mit einem externen Partner besteht zudem ein erhöhter Koordinationsbedarf. Ferner besteht für den Lizenzgeber das Risiko, dass die Muttermarke durch den Transfer von negativen Informationen beziehungsweise Produkterfahrungen mit dem Lizenzprodukt, geschädigt wird. Die so erzeugten negativen Assoziationen können das Markenimage und alle unter dem Markennamen geführten Produkte schädigen.[86] Zudem besteht die Gefahr der Markenwerterosion. Diese kann die Folge einer Verwässerung des Markenimages durch die Schaffung von Assoziationen, die nicht zum bestehenden Markenimage passen oder die Folge eines Kompetenzverlustes der Marke sein.[87] Ferner birgt die Kooperation in Form einer Lizenzvergabe für Produkte einer bestimmten Produktkategorie die Gefahr, dass sich der Lizenzgeber auf das Know-how des Lizenznehmers verlässt und dabei eigene Forschungsaktivitäten unterlässt und somit eventuell eigene technologische Entwicklungen verpasst.[88]

[80] Binder (2001), S. 390.
[81] Vgl. Binder (2005), S. 531.
[82] Vgl. Binder (2005), S. 532; Bühling (1999), S. 17 f.; Ludewig (2006), S. 54.
[83] Vgl. Binder (2005), S. 530; Braitmayer (1998), S. 48; Meffert/Burmann/Koers (2005), S. 204.
[84] Vgl. Binder (2005), S. 530; Braitmayer (1998), S. 48; Kutz (2000), S. 171.
[85] Vgl. Ludewig (2006), S. 56.
[86] Vgl. Aaker (1990), S. 53 f.; Hätty (1989), S. 331; Lane/Jacobsen (1997), S. 261.
[87] Vgl. Aaker (1990), S. 52 f.; Freter (2004), S. 620.
[88] Vgl. Ludewig (2006), S. 59.

Die erläuterten Chancen und Risiken einer Markenlizenzierungsstrategie sind in der nachfolgenden *Abbildung 3* zusammengetragen.

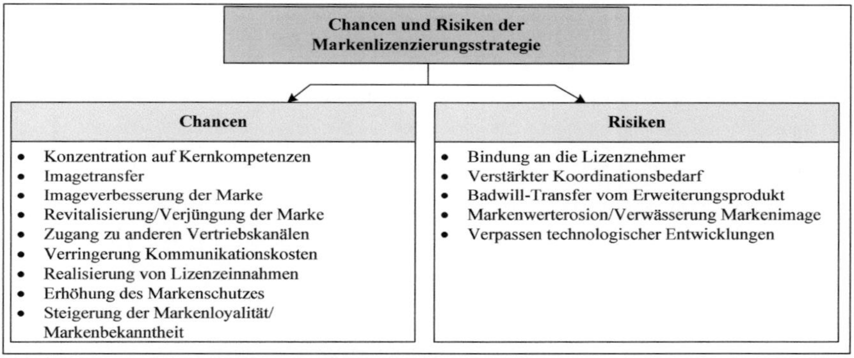

Abbildung 3: Chancen und Risiken der Markenlizenzierungsstrategie

2.3 Co-Branding als weitere Option der Markenexpansion

2.3.1 Begriff und Formen von Co-Branding

Die Co-Branding-Strategie stellt eine weitere strategische Option der Markenexpansion dar (vgl. *Abbildung 1*). Im Folgenden soll die Co-Branding-Strategie beschrieben und eine Abgrenzung zur Markenlizenzierungsstrategie vorgenommen werden. In der wissenschaftlichen und praktischen Diskussion existieren eine Reihe unterschiedlicher Definitionen für Co-Branding.[89] Da die jeweiligen Definitionsansätze verschiedene Schwerpunkte haben, fallen die Begriffsbestimmungen sehr unterschiedlich aus. Nach *Baumgarth* (2003) lassen sich sieben unterschiedliche Schwerpunkte identifizieren. Die dabei am häufigsten auftretende Begriffsdefinition ist, dass unter Co-Branding jegliche Kooperation zwischen verschiedenen Marken (1.) verstanden wird.[90] Eine andere Begriffsauffassung beschränkt das Co-Branding auf die gemeinsame Markierung eines Produktes oder einer Dienstleitung durch mehrere Marken (2.).[91] Andere Autoren beschreiben als grundlegendes Merkmal des Co-Brandings eine sichtbare Markenzusammenarbeit (3.).[92] Wiederum andere verstehen unter Co-Branding die ausschließliche Markenkooperation von starken Marken (4).[93] Andere Autoren betonen dagegen,

[89] Vgl. Baumgarth (2003), S. 29.
[90] Vgl. Farquhar/Han/Herr (1992); Rao/Rueckert (1994); Wiezorek/Wallinger (1997).
[91] Vgl. Ohlwein/Schiele (1994); Binder (1996); Levin/Davis/Levin (1996); Rao (1997); Freter/Baumgarth (2005).
[92] Vgl. Hüttermann (1991); Rao/Rueckert (1994); Rao (1997); Blackett/Russel (1999).
[93] Vgl. Walchi (1996); Keller (2003).

dass Co-Branding nur dann vorliegt, wenn die beteiligten Marken sich im Besitz von unterschiedlichen Markeneigentümern (5.) befinden.[94] Ein relativ seltener Definitionsansatz besagt ferner, dass es sich bei Co-Branding um eine langfristige und strategische Zusammenarbeit (6.) handeln soll.[95] Manche Autoren beschränken das Co-Branding schließlich sogar nur auf bestimmte Branchen wie Kreditkarten oder den Handel (7.).[96] Die *Tabelle 1* soll einen Überblick über die verschiedenen Schwerpunkte und deren Vertreter geben.

Definitionsschwerpunkt von Co-Branding		Vertreter dieser Richtung
1.	Kooperation zwischen verschiedenen Marken	Farquhar/Han/Herr (1992); Rao/Rueckert (1994); Wiezorek/Wallinger (1997)
2.	Gemeinsame Leistungsmarkierung	Ohlwein/Schiele (1994); Binder (1996); Levin/Davis/Levin (1996); Rao (1997); Freter/Baumgarth (2005)
3.	Sichtbare Markenzusammenarbeit	Hüttermann (1991); Rao/Rueckert (1994); Rao (1997); Blackett/Russel (1999)
4.	Markenkooperation starker Marken	Walchi (1996); Boone (1997); Keller (2003)
5.	Unterschiedliche Markeneigentümer	Ohlwein/Schiele (1994); Wiezorek/Wallinger (1997); Freter/Baumgarth (2005)
6.	Langfristige Zusammenarbeit	Stewart (1995); Rao (1997)
7.	Branchenbeschränkung	Hüttermann (1991); Spethmann/Benezra (1994)

Tabelle 1: Übersicht über die unterschiedlichen Definitionsschwerpunkte von Co-Branding[97]

Da das Ziel dieser Studie darin besteht, die Wirkungen von Co-Branding beim Abnehmer zu analysieren, muss hier eine nachfragerorientierte Definition zugrunde gelegt werden. Somit finden die Definitionsschwerpunkte langfristige Zusammenarbeit (6.) und Branchenbeschränkung (7.) keinerlei Berücksichtigung, da auch branchenübergreifendes und kurzfristiges Co-Branding betrachtet werden sollen. Ferner soll der Schwerpunkt unterschiedlicher Markeneigentümer (5.) nicht rechtlich verstanden werden, sondern als Selbstständigkeit der Marken aus der Wahrnehmung der Nachfrager.[98]

Durch diese Berücksichtung des Verständnisses des Begriffes Co-Branding in der Literatur und den beiden Bestandteilen des Terminus Co-Branding (Kooperation und Markenpolitik), kann Co-Branding als kooperative Markenpolitik verstanden werden. Markenpolitik umfasst dabei alle Maßnahmen, die über die reine Produktleistung hinaus zusätzliche Wirkungen beim

[94] Vgl. Ohlwein/Schiele (1994); Wiezorek/Wallinger (1997); Freter/Baumgarth (2005).
[95] Vgl. Stewart (1995); Rao (1997).
[96] Vgl. Hüttermann (1991); Spethmann/Benezra (1994).
[97] In Anlehnung an Baumgarth (2004), S. 22 ff.
[98] Vgl. Baumgarth (2004), S. 238.

Abnehmer verursachen. Der Begriff der Kooperation wird als freiwillige und zielorientierte Zusammenarbeit mehrerer Marken verstanden.[99] Im Rahmen des Co-Brandings versieht also ein etablierter Anbieter ein Produkt, das bereits isoliert einen Markenartikel darstellt, zusätzlich mit einer Markierung, über deren Rechte ein anderes etabliertes Unternehmen verfügt.[100] Unter Berücksichtigung der Nachfragerorientierung und der relevanten Definitionsschwerpunkte ergibt sich folgende Definition von Co-Branding: „Co-Branding beschreibt die Markierung einer Leistung mit mindestens zwei Markennamen im Rahmen einer kooperativen Markenpolitik, zu der sich alle involvierten Marken freiwillig und zielorientiert entschieden haben, wobei die Zusammenarbeit für den Konsumenten wahrnehmbar ist und die Marken ihre Souveränität aus Konsumentensicht behalten".[101] Hinsichtlich der Unterscheidung der unterschiedlichen Formen von Co-Branding existiert eine Vielzahl von Kategorisierungsansätzen.

Baumgarth (2003) unterscheidet in diesem Zusammenhang zwischen einer Innovation-Co-Brand, Promotion-Co-Brand, Ingredient Brand und Multi-Co-Brand.[102] Nach *Baumgarth* handelt es sich um ein Innovation-Co-Branding, wenn eine unbefristete, horizontale Zusammenarbeit zwischen zwei Marken stattfindet, deren Markenstärke gleich ist, es sich des weiteren um ein Produkt handelt, welches sich durch eine hohe Innovationshöhe auszeichnet und dabei die Fokussierung auf die technisch-funktionale Zusammenhänge der Marken liegt.[103] Bei dieser Form des Co-Brandings schließen sich also auf horizontaler Ebene zwei verschiedene Unternehmen zusammen und bringen unter beiden Marken ein neues Produkt auf den Markt. Diese Kombination von Marken hat zum Ziel, dass positive Gedächtnisvorstellungen beider Marken auf ein mit diesen Marken gekennzeichnetes neues Produkt übertragen werden.[104] Hinsichtlich der Transferart handelt es sich bei dieser Form des Co-Brandings um eine Brand Extension. Eine Promotion-Co-Brand zeichnet sich dadurch aus, dass sie eine befristete, laterale oder horizontale Zusammenarbeit zwischen zwei Marken darstellt, deren Markenstärke gleich sind, der Außenauftritt der Marken jedoch nicht gleichberechtigt ist. Bei dieser Transferart handelt es sich also um eine Line Extension. [105] Unter Ingredient Branding versteht man ebenfalls eine vertikale oder horizontale Zusammenarbeit – auch hier handelt es sich um eine

[99] Vgl. Baumgarth (2004), S. 238.
[100] Vgl. Levin/Davis/Levin (1996), S. 297; Huber (2004b), S. 267.
[101] Vogel/Huber (2007), S. 11.
[102] Vgl. Baumgarth (2003), S. 65.
[103] Vgl. Baumgarth (2003), S. 65.
[104] Vgl. Esch (2007b), S. 401 f.
[105] Vgl. Baumgarth (2003), S. 65.

Line Extension –, die jedoch im Gegensatz zum Promotion-Co-Branding unbefristet ist. Als Multi-Co-Brand bezeichnet man eine laterale Zusammenarbeit von zwei Marken, die nach außen hin gleichberechtigt auftreten. Ferner ist die Dauer der Kooperation zwischen den Marken unbefristet und die Anzahl der Co-Brand-Produkte umfasst mehr als ein Co-Brand.[106]

Ausgehend von dieser Differenzierung der unterschiedlichen Formen des Co-Brandings liegt der Fokus in der vorliegenden Untersuchung auf dem Innovation-Co-Branding. Wenn in den folgenden Ausführungen von der Co-Branding-Strategie die Rede ist, soll dies im Sinne eines Innovation-Co-Branding verstanden werden. Auf die Chancen und Risiken einer Co-Branding-Strategie wird im folgenden Kapitel näher eingegangen.

2.3.2 Chancen und Risiken der Co-Branding-Strategie

Ebenso wie die Markenlizenzierungsstrategie bringt die Wahl der Co-Branding-Strategie bei der Einführung eines neuen Produktes sowohl Chancen als auch entsprechende Risiken mit sich. Da bei einer Co-Branding-Strategie das neue Produkt mit zwei Marken markiert wird, besteht der entscheidende Vorteil der Co-Branding-Strategie in der Möglichkeit des gegenseitigen Image- und Kompetenztransfers. Wie bei der Markenlizenzierungsstrategie besteht auch mit dieser Strategie die Möglichkeit, das Markenimage zu verändern beziehungsweise umzupositionieren.[107] Das heißt, das Image kann verbessert beziehungsweise verstärkt werden.[108] Ferner kann durch die zusätzlich vertraute Marke das wahrgenommene Kaufrisiko beim Konsumenten reduziert und die Wahrscheinlichkeit eines Produktkaufs erhöht werden. Wenn der Konsument beide Marken kennt und beide mit einer guten Qualität wahrnimmt, erhält der Konsument mit dem Co-Brand ein doppeltes Qualitätssiegel.[109] Durch die verstärkte Darbietung der Marken lässt sich ferner der Bekanntheitsgrad der Kooperationspartner erhöhen.

Zudem haben die Kooperationspartner im Sinne einer Erweiterung die Möglichkeit, neue Käufergruppen anzusprechen sowie neue Verwendungsanlässe zu generieren. Denn durch die Partnerschaft werden die Käufer der einen Marke auf die andere Marke aufmerksam und übertragen ihre positiven Assoziationen. Ferner ermöglicht ein Co-Branding einen relativ sicheren Zugang zu neuen Produktkategorien durch Kooperationspartner, die in diesen bereits

---

[106] Vgl. Baumgarth (2003), S. 66.
[107] Vgl. Washburn/Till/Priluck (2004), S. 491; Vogel/Huber (2007), S. 22.
[108] Vgl. Baumgarth (2008), S. 166; Hätty (1989), S. 299 f.
[109] Vgl. Ohlwein/Schiele (1994), S. 578.

etabliert sind.[110] Zudem können mittels einer Co-Branding-Strategie neue geographische Märkte erschlossen werden.[111] Durch die Markenkooperation ergeben sich überdies finanzielle Vorteile in dem Sinne, dass sich durch das gemeinsame Produkt zusätzliche Umsatzpotenziale erzielen lassen; ferner können die für eine Umpositionierung notwendigen Investitionen sowie Marketingkosten reduziert werden. Durch die Markierung eines neuen Produktes mit zwei Marken besteht darüber hinaus die Möglichkeit der Erzielung eines Preispremiums.[112]

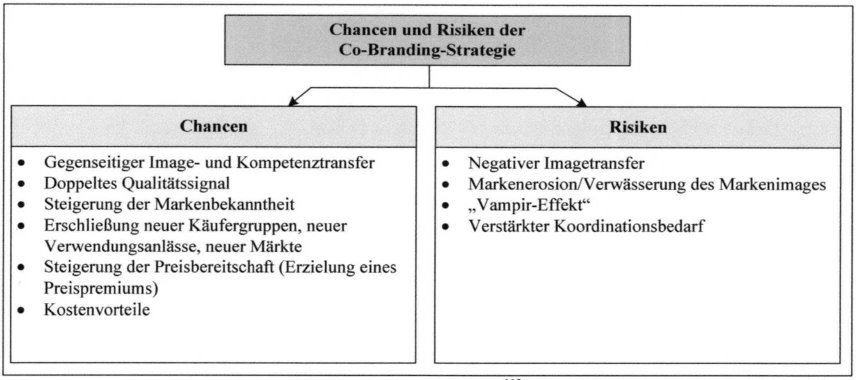

Abbildung 4: Chancen und Risiken der Co-Branding-Strategie[113]

Neben den zahlreichen Vorteilen existieren auch bei dieser Strategie Risiken. Zum einen besteht die Gefahr des negativen Imagetransfers zwischen den kooperierenden Marken. Unstimmige Images der kooperierenden Marken können außerdem zu einer Erosion der Markenimages führen.[114] Ferner kann die Problematik auftreten, dass eine Marke durch eine falsche inhaltliche und formale Integration der Objekte zu sehr in den Vordergrund gespielt wird und der Konsument nicht mehr erkennt, dass es sich um zwei verschiedene Marken handelt. Diesen Effekt nennt man auch Vampir-Effekt. In diesem Fall wird der Vorteil einer Markenkooperation nicht ausgeschöpft.[115] Ein weiterer Nachteil kann der erhebliche Koordinationsaufwand sein, der durch den Bedarf der Abstimmung zweier Marken von verschiedenen Unter-

---

[110] Vgl. Gaiser/Trittler (2005), S. 451 f.
[111] Vgl. Ohlwein/Schiele (1994), S. 578.
[112] Vgl. Baumgarth (2008), S. 166.
[113] In Anlehnung an Gaiser/Trittler (2005), S. 454.
[114] Vgl. Ohlwein/Schiele (1994), S. 577.
[115] Vgl. Baumgarth (2008), S. 163.

nehmen entsteht.[116] Einen Überblick über die grundsätzlichen Vor- und Nachteile gibt *Abbildung 4*.

2.3.3 Abgrenzung der Markenlizenzierungsstrategie von der Co-Branding-Strategie

Nachdem nun die Strategien der Markenlizenzierung und des Co-Brandings definiert und umfassend erläutert wurden, wird im Folgenden eine Abgrenzung zwischen den beiden Strategien vorgenommen. Wie bereits in Kapitel 2.1 erwähnt, stellen beide Strategien eine Form der Markenexpansion dar. Nach *Baumgarth* (2003) zeichnet sich Co-Branding dadurch aus, dass eine Verbindung von mindestens zwei Marken vorliegt, die für die Nachfrager wahrnehmbar kooperieren. Ziel eines Co-Brandings ist dabei ein gemeinsames Leistungsbündel zu schaffen. Beide Marken müssen aber aus Sicht der Nachfrager sowohl vor als auch nach der Kooperation selbstständig sein.[117]

Im Gegensatz zur Markenlizenzierung, bei der nur eine Marke in Erscheinung tritt, wird beim Co-Branding das Leistungsangebot durch zwei oder mehrere Marken markiert.[118] Das bedeutet, dass auch hier eine Form des Markentransfers auf ein neues Produkt vorliegt. Dies wird beispielsweise deutlich bei dem Co-Brand von *Langnese* und *Milka*, wobei die Marke *Milka* in die Produktkategorie Speiseeis transferiert wurde. Hierbei handelt es sich um einen Markentransfer im klassischen Sinne. Ein Co-Brand von *Sony* und *Ericsson* stellt hingegen keinen Markentransfer dar, da die Marken nicht auf ein neues Produkt transferiert werden.[119] In der vorliegenden Untersuchung soll Co-Branding als eine Form des Markentransfers verstanden werden, in der zwei Marken ein neues Produkt in eine bestehende oder in eine neue Produktkategorie transferieren. In der nachfolgenden Grafik soll die Abgrenzung nochmals graphisch veranschaulicht werden.

Ein weiterer Unterschied besteht darin, dass im Gegensatz zur Co-Branding-Strategie bei einer Markenlizenzierungsstrategie der Kooperationspartner nicht offen kommuniziert wird. Im Rahmen eines Co-Branding besteht daher, aufgrund der offenen Kommunikation des Kooperationspartners, die Möglichkeit des gegenseitigen Imagetransfers und der Nutzung des vorhandenen Vertrauensbonus des Kooperationspartners.[120]

---

[116] Vgl. Esch (2007b), S. 413.
[117] Vgl. Baumgarth (2003), S. 22 f.
[118] Vgl. Meffert/Burmann/Koers (2005), S. 206; Huber (2005), S. 26.
[119] Vgl. Huber (2005), S. 27.
[120] Vgl. Meffert/Burmann/Koers (2005), S. 208.

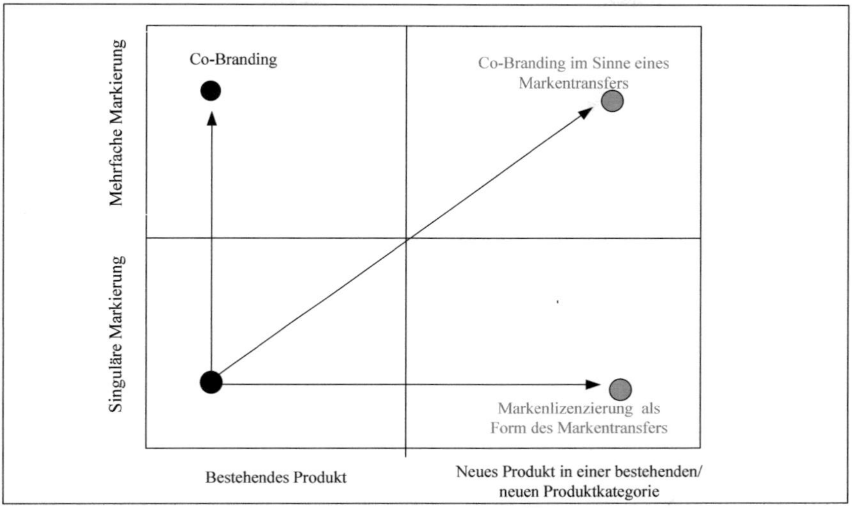

Abbildung 5: Abgrenzung Co-Branding und Markenlizenzierung[121]

Ferner werden bei der Markenlizenzierung externe Ressourcen und Kompetenzen verwendet, um neue Produkte zu vermarkten beziehungsweise um in neue Märkte zu expandieren. Dagegen werden beim Co-Branding sowohl externe als auch interne Ressourcen und Kompetenzen genutzt.[122] In der Markentransferforschung wird als wesentlicher Einflussfaktor für den Markentransfererfolg, die Ähnlichkeit zwischen der Muttermarke und dem Transferprodukt gesehen.[123] Im Rahmen einer Markenlizenzierung besteht aber häufig kein technisch-funktionaler Zusammenhang zwischen dem Ursprungs- und dem Transferprodukt. In diesem Fall muss das Markenmanagement diese Ähnlichkeiten über andere sachbezogene Assoziationen (Denotationen) und über stark gefühlsgeprägte Assoziationen (Konnationen) herstellen. Das bedeutet, dass die zentrale Anforderung hier in der Sicherstellung eines Zusammenhangs zwischen Haupt- und Transferprodukt besteht.[124] Da bei der Co-Branding-Strategie auf dem Produkt zwei oder mehrere Marken erscheinen, muss bei dieser Strategie zudem noch eine Ähnlichkeit zwischen den beteiligten Marken sowie ein eindeutiger Leistungsbezug hergestellt werden.[125] In der nachfolgenden *Abbildung 6* wird die Abgrenzung zwischen den beiden Strategien der Markenexpansion nochmals veranschaulicht.

---

[121] In Anlehnung an Huber (2005), S. 27.
[122] Vgl. Meffert/Burmann/Kirchgeorg (2008), S. 378.
[123] Vgl. Zatloukal (2002), S. 59 ff.
[124] Vgl. Hätty (1989), S. 82.
[125] Vgl. Gaiser/Trittler (2005), S. 457; Meffert/Burmann/Koers (2005), S. 209.

Strategie	Co-Branding-Strategie	Markenlizenzierungsstrategie
Merkmale	• Gemeinsamer Auftritt zweier oder mehrerer selbstständiger Marken im kooperativen Verbund • Offene Kommunikation der Kooperation • Nutzung externer und interner Ressourcen und Kompetenzen • Zweiseitiger Imagetransfer	• Übertragung positiver Imagekomponenten von einem etablierten auf ein Transferprodukt • Keine offene Kommunikation der Kooperation • Weitestgehende Nutzung externer Ressourcen und Kompetenzen • Einseitiger Imagetransfer
Zentrale Anforder-ungen	• Fit zwischen den beteiligten Marken und eindeutiger Leistungsbezug des Co-Brands	• Imagemäßiger Zusammenhang zwischen Stamm- und Transfermarke

Abbildung 6: Abgrenzung der Strategieoptionen Co-Branding und Markenlizenzierung[126]

2.4 Ausgewählte Theorien im Kontext der Markenerweiterungsstrategien

2.4.1 Schematheorie

Zur Erklärung des Konsumentenverhaltens bei Markenerweiterungen eignen sich insbesondere die Schema- und die Kategorisierungstheorie. Bei der Beurteilung eines neuen Produktes – sei es in Form eines Lizenz- oder eines Co-Brand-Produktes – muss der Konsument entscheiden, inwiefern die Marken und die Produktkategorien zusammen passen.[127] Die Schematheorie bildet in diesem Zusammenhang einen Erklärungsansatz. Bei der tagtäglichen Konfrontation mit Stimuli beziehungsweise Informationen spielt das vorhandene Wissen eine wichtige Rolle.[128] In diesem Zusammenhang ist die Grundannahme der Schematheorie, dass Konsumenten gewisse Vorstellungen und Kenntnisse von einer Marke beziehungsweise von Produkten besitzen, welche durch sogenannte Marken- beziehungsweise Produktschemata repräsentiert werden.[129] Der Wissenschaftler *Frederic Bartlett*, der dieses Konstrukt erstmals im Jahre 1932 in die Psychologie einführte, versteht unter einem Schema, „an inactive organisation of past reactions, or of past experiences, which must always be supposed to be operating in any welladapted organic response".[130] Hierbei ist anzumerken, dass jedoch keine einheitliche Schematheorie existiert. Es handelt sich vielmehr um eine Gruppe von Theorien, deren Gemeinsamkeit darin besteht, dass sie das Schemakonstrukt verwenden; sie können aber je nach konkretem Untersuchungsgegenstand durchaus unterschiedlich sein.

---

126 In Anlehnung an Meffert/Burmann/Koers (2005), S. 209.
127 Vgl. Vogel/Huber (2007), S. 48.
128 Vgl. Huber et al. (2008), S. 31.
129 Vgl. Mahnik/Mayerhofer (2006), S. 19.
130 Bartlett (1932), S. 210.

Die Grundlage all dieser Ansätze ist jedoch, dass das menschliche Wissen netzwerkartig, in Form von Schemata organisiert ist.[131] Schemata sind Wissensstrukturen, die aus standardisierten Vorstellungen, wie bestimmte Sachverhalte typischerweise auszusehen haben, bestehen.[132] Bei der Informationsverarbeitung wird dem Schema daher eine wichtige Funktion zugesprochen, weil es die Wahrnehmung steuert, Denkvorgänge vereinfacht und die Informationsspeicherung organisiert.[133] Das bedeutet, dass Schemata nicht nur für die Informationsspeicherung verantwortlich sind, sondern auch dafür, wie neue Sachverhalte und Produkte wahrgenommen und beurteilt werden. Denn Wahrnehmungsinhalte werden mit den im Gedächtnis bereits vorhandenen Schemata verglichen.[134] Schemata beinhalten also die wichtigsten Merkmale von Objekten (z. B. Markenprodukte), Personen (z. B. Verkäufer) oder Ereignissen (z. B. Sommerschlussverkauf). Deren Speicherung erfolgt im Gedächtnis entweder verbal (semantisch) oder bildlich (episodisch).[135]

Zudem sind Schemata mehr oder weniger abstrakt und hierarchisch organisiert.[136] Durch die hierarchische Struktur sind Markenschemata bestimmten Produktschemata untergeordnet. Jedes Schema kann dabei aus mehreren Subschemata bestehen. Diese Subschemata können wiederum ebenfalls aus mehreren Subschemata zusammengesetzt sein.[137] Man unterscheidet in diesem Zusammenhang zwischen dominierenden Schemata, Subschemata und Primitiven.[138] So ist beispielsweise das dominierende Schema Nahrungsmittel über dem Subschema Milch- und Molkereiprodukte angeordnet und diesem Schema sind Produktschemata wie beispielsweise Joghurt untergeordnet. Dieses umfasst dann wiederum Markenschemata wie *Bauer*, *Ehrmann* oder *Zott*. Diese Markenschemata umfassen markenspezifische Elemente, welche die Marken voneinander unterscheiden.[139] Auf der untersten Ebene der Hierarchie befinden sich dann die Primitiven, wie zum Beispiel die Farbe oder der Ort eines Objektes. Diese können nicht mehr zerlegt werden.[140] Dabei richten sich der Umfang und die Tiefe der Hierarchie nach der Anzahl der im Gedächtnis verfügbaren Begriffe und der gelernten Objekt-

---

[131] Vgl. Regier (2007), S. 62 f.
[132] Vgl. Kroeber-Riel/Weinberg (2003), S. 233.
[133] Vgl. Foscht/Swoboda (2007), S. 103.
[134] Vgl. Kroeber-Riel/Weinberg (2003), S. 233; Günther (2002), S. 20.
[135] Vgl. Balderjahn/Scholderer (2007), S. 34;
[136] Vgl. Foscht/Swoboda (2007), S. 103; Kroeber-Riel/Weinberg (2003), S. 233.
[137] Vgl. Fiske/Taylor (1984), S. 147; Vogel/Huber (2007), S. 49; Seel (2003), S. 54.
[138] Vgl. Regier (2007), S. 66.
[139] Vgl. Fuchs (2004), S. 51.
[140] Vgl. Regier (2007), S. 66.

verknüpfungen.[141] Das bedeutet, dass gemeinsame Eigenschaften jeweils auf der übergeordneten Ebene gespeichert werden und somit für alle untergeordneten Schemata Gültigkeit besitzen. Durch diesen Vererbungsmechanismus wird der Speicheraufwand im Gedächtnis reduziert.[142]

Ein Markenschema umfasst also das Wissen zu einer Marke und das Produktschema das Wissen zu einem Produkt.[143] Markenschemata speichern neben den Eigenschaften auch die Beurteilung dieser Eigenschaften sowie eine Globalbeurteilung beziehungsweise die Einstellung zu einer Marke.[144] Marken, die eine große Zahl von Abnehmern als erste Marke mit dem jeweiligen Produktschema verbinden, werden als prototypische Marken bezeichnet. Diese Marken lassen sich nur schwer auf andere Leistungen transferieren.[145] In diesem Fall besitzt die Marke kaum markenspezifische Assoziationen, so dass das Produktschema mit dem Markenschema eine hohe Übereinstimmung aufweist. Zudem kann der Fall vorliegen, dass bei einer Aktivierung des Markenschemas automatisch das jeweilige Produktschema aktiviert wird. In diesem Fall wäre bei einer Markenerweiterung das jeweilige Produktschema von entscheidender Bedeutung.[146]

Inwiefern das Schema der Stamm-Marke die Wahrnehmung und die Beurteilung der Markenerweiterung beeinflusst, ist abhängig davon, ob die Erweiterung als zu der Stamm-Marke zugehörig wahrgenommen wird und wie stark diese Zusammengehörigkeit ausgeprägt ist.[147] Bei einer hohen wahrgenommenen Zusammengehörigkeit wird die Markenerweiterung in das Markenschema mit aufgenommen. Liegen hingegen Eigenschaften vor, die nicht als zu der Stamm-Marke zugehörig wahrgenommen werden, wird die Markenerweiterung vom Konsumenten nur als sehr schwach zugehörig empfunden. So würde beispielsweise ein Handgeschirrspülmittel, welches mit der Marke *Maggi* versehen ist, vermutlich nicht als Mitglied des Stamm-Markenschemas *Maggi* wahrgenommen werden.[148] In der Konsequenz weisen Marken, die über das Produktschema hinausgehende Produktattribute aufweisen, ein großes Er-

---

[141] Vgl. Anderson (1989), S. 104 ff.
[142] Vgl. Baumgarth (2003), S. 219; Vogel/Huber (2007), S. 50.
[143] Vgl. Fuchs (2004), S. 51.
[144] Vgl. Fiske/Pavelchak (1986), S. 170; Fiske et al. (1987), S. 401 f.; Mandler (1982), S. 4.
[145] Vgl. Esch et al. (2005), S. 922 ff.
[146] Vgl. Baumgarth (2003), S. 221.
[147] Vgl. Günther (2002), S. 20.
[148] Vgl. Günther (2002), S. 20.

weiterungspotenzial auf.[149] Sind hingegen Marken- und Produktschema fast identisch, so werden mit den Marken die Produktkategorien assoziiert. In einem solchen Fall verfügt die Marke nur über ein begrenztes Erweiterungspotenzial (z. B. Tempo = Papiertaschentücher).[150] Nach *Hätty* (1994) sind solche Marken nur mit einer eindimensionalen Kompetenz ausgestattet, die nur schwer ausdehnbar und übertragbar ist.[151] Weiterhin gehen *Aaker/Keller* (1990) davon aus, dass starke Marken grundsätzlich über ein höheres Erweiterungspotenzial verfügen als schwache Marken. Ferner weisen Marken, die vor allem nutzengeprägte beziehungsweise emotionale Images und Gedächtnisstrukturen und ein weniger produktgeprägtes Image besitzen, ein höheres Erweiterungspotenzial auf als produktgeprägte Marken.[152]

Bei der Markenlizenzierung vergleichen die Konsumenten – den vorherigen Ausführungen zufolge – die Markenerweiterung hinsichtlich der wahrgenommenen Zusammengehörigkeit zur Stamm-Marke.[153] Bei einem Co-Branding handelt es sich dagegen um die Verbindung zweier zuvor getrennter Markenschemata. Der Konsument prüft hierbei, ob die Marke A zu dem Schema der Marke B passt und ob diese beiden wiederum zur Produktkategorie passen.[154]

2.4.2 Kategorisierungstheorie

Die Kategorisierungstheorie findet in der Markentransfer- und Co-Branding-Forschung bei der Beurteilung der Ähnlichkeit Anwendung. Unter einer Kategorisierung versteht man im Allgemeinen die Einordnung eines Ereignisses in ein bestehendes Schema, woraus sich die Gleichbehandlung dieses Ereignisses mit den übrigen Elementen im Schema ergibt. Im Zuge der Kategorisierung werden also Eigenschaften eines neuen Reizes mit Inhalten vorhandener Schemata verglichen. Dieser Vorgang läuft automatisch, ohne kognitive Kontrolle durch den Konsumenten, ab.[155] Nach *Mervis/Rosch* (1981) entsteht eine Markenkategorie durch die Etikettierung bestimmter Objekte mit demselben Namen.[156] Mit der Markierung wird dem Verbraucher bereits mitgeteilt, dass es sich um ein Mitglied einer Markenkategorie handelt.[157] In einem Kategorisierungsprozess entscheidet sich, wie Konsumenten auf eine Markenerweite-

[149] Vgl. Esch et al. (2005), S. 923; Reddy/Holak/Bhat (1994), S. 246.
[150] Vgl. Spengel (2005), S. 101.
[151] Vgl. Hätty (1994), S. 569.
[152] Vgl. Esch (2003), S. 295.
[153] Vgl. Günther (2002), S. 20.
[154] Vgl. Baumgarth (2000), S. 24.
[155] Vgl. Gierl/Plantsch (2008), S. 209.
[156] Vgl. Mervis/Rosch (1981), S. 89.
[157] Vgl. Boush (2005), S. 815.

rung reagieren.[158] Entsprechend der Zugehörigkeitseignung eines Produktes zu einer Markenkategorie, also der wahrgenommenen Ähnlichkeit, erfolgt eine Beurteilung der Markenerweiterung.[159] Wenn das neue Produkt nach Ansicht der Konsumenten eine Ähnlichkeit mit der Markenkategorie aufweist, können die mit der Marke verbunden Vorstellungen und Affekte auf die Erweiterung übertragen werden.[160] Dieser Vergleichsprozess verläuft umso schneller, je stärker die etablierte Marke bekannt ist und das Erweiterungsprodukt über Eigenschaften verfügt, die dem Konsumenten geläufig sind. Das bedeutet, dass im Rahmen einer Markenerweiterung der Konsument eine gedankliche Klassifizierung beziehungsweise Kategorisierung der Informationen vornimmt, die er mit den vorhandenen Informationen der etablierten Marke vergleicht und bei Kongruenz zuordnet beziehungsweise verknüpft.[161] Die Ereignisse oder neuen Informationen werden dann also in bestehende Schemata eingeordnet.[162] Dabei erfolgt eine Verknüpfung der Informationen des Erweiterungsproduktes mit den vorhandenen Informationen zu der etablierten Marke. Das Markenschema einer etablierten Marke wird somit um die Eigenschaften des neuen Produktes erweitert, also umgebildet.[163]

In der Literatur existiert eine Vielzahl von Vorschlägen zur Systematisierung der unterschiedlichen Ansätze der Kategorisierung. Man unterscheidet hauptsächlich zwischen deterministischen und intensitätsmäßigen Ansätzen. Bei der deterministischen Sichtweise geht man davon aus, dass sich Ereignisse eindeutig anhand bestimmter Merkmale in ein Schema einordnen lassen und alle Kategoriemitglieder die gleiche Stellung in der Kategorie besitzen.[164] Die intensitätsmäßige Sichtweise geht hingegen davon aus, dass Mitglieder einer Kategorie umso stärker einer Kategorie angehören, je ähnlicher sie sich sind.[165] Des Weiteren werden hinsichtlich der unterschiedlichen Vorgehensweise in der Kategorisierung eigenschaftsorientierte, beispielorientierte und laientheoretische Ansätze unterschieden. Bei eigenschaftsorientierten Ansätzen erfolgt ein Vergleich zwischen den einzelnen Eigenschaften der Kategorie und dem Stimulus. Beispielorientierte Ansätze hingegen orientieren sich an prototypischen und realen Beispielen einer Kategorie, so dass eine Zugehörigkeit zu einer Kategorie aus einem

---

[158] Vgl. Boush (2005), S. 812.
[159] Vgl. Park/Milberg/Lawson (2005), S. 827.
[160] Vgl. Cohen/Basu (1987), S. 455 ff.; Meyers-Levy/Tybout (1989), S. 39 ff.
[161] Vgl. Esch et al. (2005), S. 921.
[162] Vgl. Boush (2005), S. 812.
[163] Vgl. Esch et al. (2005), S. 921.
[164] Vgl. Cohen/Basu (1987), S. 456 ff.; Vogel/Huber (2007), S. 52.
[165] Vgl. Vogel/Huber (2007), S. 52.

ganzheitlichen Vergleich mit diesen Kategoriemitgliedern resultiert.[166] Das bedeutet, dass sowohl die eigenschafts- als auch die beispielorientierten Ansätze auf einer umfangreichen Ähnlichkeitsbeurteilung basieren. Dagegen basiert die Kategorisierung bei laientheoretischen Ansätzen auf dem gesamten Wissen des Individuums.[167] Ansätze, denen eher eine laientheoretische Kategorisierung zugrunde liegt, gehen von einer Ähnlichkeit auf Basis bestimmter Assoziationen aus.[168] In *Tabelle 2* sind die beschriebenen Ansätze aufgeführt.

	Deterministische Ansätze	**Intensitätsmäßige Ansätze**
eigenschafts-orientierte Ansätze	Merkmale: • Mitglieder einer Kategorie weisen einen gleichen Status auf • Kategorie ist durch notwendige Merkmale gekennzeichnet • klare Kategoriengrenzen	Merkmale: • Mitglieder einer Kategorie weisen verschiedene Ähnlichkeitsgrade auf • konstante Ähnlichkeitsstruktur
beispiel-orientierte Ansätze		Merkmale: • Mitglieder weisen einen unterschiedlichen Fit auf • konstante Ähnlichkeitsstruktur • Holistische Ähnlichkeitsbeurteilung durch Vergleich mit einem ähnlichen Mitglied der Kategorie
laien-theoretische Ansätze		Merkmale: • Bildung der Kategorien basiert auf gesamten Wissen des Individuums • Kontextabhängige Kategorien • Ein oder wenige Ähnlichkeitsgründe

Tabelle 2: Ansätze der Kategorisierung[169]

Bei der Beurteilung eines Markentransfer- beziehungsweise Co-Brand-Produktes ist die Beurteilung der Ähnlichkeit zwischen der Stamm-Marke beziehungsweise den Stamm-Marken und dem Transferprodukt von Relevanz. Bei einem Co-Brand kommt der Markenfit als zusätzliche Ähnlichkeitsebene hinzu. Diese Ebene bildet die Beziehung zwischen den beteiligten Marken ab.[170] Da im Rahmen einer Markenlizenzierung der Kooperationspartner nicht offen kommuniziert wird, ist der Markenfit bei dieser Strategie nicht relevant.

[166] Vgl. Boush/Loken (1991); Dacin/Smith (1994).
[167] Vgl. Baumgarth (2003), S. 226.
[168] Vgl. Aaker/Keller (1990); Brigdes (1990); Park/Milberg/Lawson (1991).
[169] Vgl. In Anlehnung an Baumgarth (2003), S. 227.
[170] Vgl. Baumgarth (2003), S. 230.

2.5 Konzeptionelle Grundlagen zum Konstrukt Einstellung

2.5.1 Zum Begriff Einstellung

Ziel dieser Studie ist die Analyse der Wirkung der unterschiedlichen Optionen der Markenexpansion auf die Einstellung gegenüber dem Transferprodukt und die nachgelagerte Kaufabsicht hinsichtlich des neuen Produktes.[171] Das Konstrukt Einstellung stellt die zentrale Größe des Modells dar, da es als am häufigsten zur Erklärung des Käuferverhaltens herangezogene Variable gilt und eine herausragende Rolle sowohl in der Marketingtheorie als auch in der Marketingpraxis eingenommen hat.[172] Einstellungen stellen hypothetische Konstrukte dar, die nicht direkt und unmittelbar beobachtbar sind, sondern nur aus den verbalen Stellungnahmen oder dem Verhalten gegenüber einem Meinungsgegenstand (Person, Produkt, Partei, Medium, Organisation, etc.) erschlossen werden können.[173]

Hinsichtlich der Definition des Einstellungskonstruktes haben sich in der Einstellungsforschung verschiedene Ansätze herausgebildet.[174] Bei Durchsicht der Literatur findet man diverse Begriffsbestimmungen, die sich in ihrer Dimensionalität und in der Art des untersuchten Einstellungsobjektes unterscheiden.[175] Eine der gängigsten Auffassungen vertritt unter anderem *Trommsdorff* (2004), der in der Einstellung den „Zustand einer gelernten und relativ dauerhaften Bereitschaft, in einer entsprechenden Situation gegenüber dem betreffenden Objekt regelmäßig mehr oder weniger stark positiv beziehungsweise negativ zu reagieren“ sieht.[176] Aus dieser Definition kann man zum einen schließen, dass Einstellungen einen Objektbezug besitzen, da es sich um Einstellungen in Bezug auf einen bestimmten Meinungsgegenstand handelt, beispielsweise die Einstellung zu einer Marke. Zum anderen entstehen sie durch Lernprozesse, weil sie vornehmlich das Ergebnis von vielen mehr oder minder selektiven Beobachtungen und persönlichen Erfahrungen sind.[177] Zudem wirken sie in eine Richtung und sind von unterschiedlicher Bedeutung. Das bedeutet, dass jede Einstellung entweder positiv oder negativ ausgerichtet ist und die unterschiedlichen Einstellungen und Einstellungsobjekte für den Einzelnen in ihrer Bedeutung variieren.[178]

---

[171] Zum Zusammenhang der Konstrukte Einstellung und Kaufabsicht vgl. Kapitel 2.6.
[172] Vgl. Ajzen/Fishbein (1972); Kroeber-Riel/Weinberg (2003), S. 168.
[173] Vgl. Mayer/Illmann (2000), S. 130.
[174] Vgl. Vogel/Huber (2007), S. 25.
[175] Vgl. Six (1980), S. 55 ff.
[176] Trommsdorff (2004), S. 159.
[177] Vgl. Mayer/Illmann (2000), S. 130.
[178] Vg. Nieschlag/Dichtl/Hörschgen (2002), S. 595.

Kroeber-Riel/Weinberg (2003) hingegen verstehen unter Einstellungen die „subjektiv wahrgenommene Eignung eines Gegenstandes zur Befriedigung einer Motivation“.[179] Die Autoren gehen davon aus, dass Einstellungen primär durch die affektive und weniger durch die kognitive Haltung gegenüber dem Gegenstand geprägt werden. Diesem Verständnis der Einstellung liegt die Means-End-Theorie (Ziel-Mittel-Theorie) zugrunde, die davon ausgeht, dass die Einstellung davon abhängig ist, wie gut oder schlecht ein Meinungsgegenstand ein Motiv befriedigen kann.[180] Die Produkteigenschaften bilden in den Augen der Nachfrager ein Mittel (means), um eine bestimmte Nutzenstiftung beziehungsweise ein bestimmtes Ziel (end) zu erleben.[181] Gemeinsam haben die beiden unterschiedlichen Definitionen jedoch, dass die Einstellung als ein langfristiges Konstrukt und als intervenierende Variable im S-O-R-Paradigma[182] verstanden wird.[183]

Häufig werden Einstellungen auch auf Basis der Dreikomponenten-Theorie beschrieben. Nach dieser setzen sich Einstellungen aus einer kognitiven (wissensbasierten), einer affektiven (gefühlsmäßigen, emotionalen) und einer konativen Komponente (handlungsbezogenen, intentionalen) zusammen;[184] wobei jede Einstellung aus einer unterschiedlichen Kombination der drei Dimensionen besteht.[185] Während die konative Komponente die sichtbaren Handlungen und Verhaltensweisen bezüglich eines Einstellungsobjektes zum Ausdruck bringt, basiert die kognitive Komponente auf dem Wissen und den Gedanken eines Individuums hinsichtlich eines Einstellungsobjektes. Die affektive Komponente hingegen bezieht sich auf die emotionale Bewertung, die sich in Stimmungen und Gefühlen ausdrückt.[186]

Die Drei-Komponenten-Theorie ist jedoch umstritten. *Ajzen* und *Fishbein* sehen die Problematik der Drei-Komponenten-Theorie darin, dass eine methodisch saubere Messung des dreidimensionalen Einstellungskonzeptes aufgrund der Interaktionen zwischen den Komponenten selten ist.[187] Laut *Fishbein* (1967) erfassen die wenigsten Instrumente zur Messung des Einstellungskonstruktes die drei Komponenten gleichermaßen. Daher betrachten viele Autoren

---

[179] Kroeber-Riel/Weinberg (2003), S. 169.
[180] Vgl. Kroeber-Riel/Weinberg (2003), S. 169.
[181] Vgl. Gutmann (1982), S. 60 ff.; Kroeber-Riel/Weinberg (2003), S. 189; Keuper/Hannemann/Hintzpeter (2008), S. 181.
[182] Nach dem S-O-R-Paradigma lässt sich das Konsumentenverhalten durch das Zusammenwirken von psychischen Vorgängen und Umwelteinflüssen erklären, vgl. Bruhn/Homburg (2001), S. 675.
[183] Vgl. Bruhn/Homburg (2001), S. 171.
[184] Vgl. Hovland/Rosenberg (1960), S. 198 ff.
[185] Vgl. Lutz (1991), S. 319.
[186] Vgl. Kuß/Tomczak (2004), S. 47.
[187] Vgl. Ajzen/Fishbein (1972); Ajzen (2002), S. 110.

heutzutage die konative Komponente im Sinne einer Verhaltensabsicht als eigenständiges Konstrukt, das von der Einstellung, die wiederum kognitiv und/oder affektiv bedingt ist, direkt beeinflusst wird.[188] Auch die vorliegende Studie folgt dieser Auffassung. Aufgrund der zentralen Rolle der Einstellung beschäftigen sich die folgenden Abschnitte mit der Bildung der Einstellung sowie der Möglichkeit eines Einstellungstransfers.

2.5.2 Ausgewählte Theorien der Einstellungsforschung

2.5.2.1 Informationsintegrations-Theorie

Die Informationsintegrations-Theorie basiert auf Arbeiten von *Anderson*, *Shanteau* und *Troutman*.[189] Im Marketing fand diese Theorie seither beispielsweise Anwendung bei *Bettmann/Capon/Lutz* (1975) zur Analyse der Herausbildung von Einstellungen und bei *Gaeth et al.* (1990) zur Analyse der gedanklichen Vorgänge bei der Beurteilung von Produktbündeln.[190] Die Informationsintegrations-Theorie zählt zu den attributbasierten Einstellungsmodellen. Attributorientierte Einstellungsmodelle umfassen ferner Produktbeurteilungs-Modelle und die Informationsökonomie. Die Grundidee von attributorientierten Einstellungsmodellen ist, dass sich die Einstellung gegenüber einer Marke aus der (mathematischen) Verknüpfung von Eigenschaften ergibt.[191] Aus kognitionspsychologischen Analysen geht hervor, dass die menschliche Fähigkeit zur Verarbeitung von Informationen beschränkt ist. Daher stellt sich die Frage, auf welcher Weise Individuen von Teilurteilen, bezogen auf die wahrgenommenen Ausprägungen der Produkteigenschaften, zu einem Gesamturteil hinsichtlich des Angebotes gelangen.[192]

Der Informationsintegrations-Ansatz untersucht die Art der Verknüpfung der Eigenschaften[193] und analysiert den Beurteilungsprozess, welcher sich in zwei Phasen gliedert. Die erste Phase umfasst dabei die Bewertung der einzelnen relevanten Eigenschaften (Valuation). Das bedeutet, dass das Individuum in dieser Phase zunächst allen relevanten Eigenschaften, im Hinblick auf ihre Ausprägungsstärke, einen Wert auf einer Skala zuordnet.[194] Zudem entscheidet das Individuum in dieser Phase, welche Eigenschaften überhaupt von Relevanz sind. Diese Ent-

[188] Vgl. Trommsdorff (2004), S. 155.
[189] Vgl. Anderson/Shanteau (1970), S. 441 ff.; Birnbaum (1982), S. 401 ff.
[190] Vgl. Bettmann/Capon/Lutz (1975), S. 151 ff.; Gaeth et al. (1990), S. 47 ff.; Herrmann (1998), S. 126.
[191] Vgl. Baumgarth (2003), S. 192.
[192] Vgl. Herrmann (1998), S. 126.
[193] Produktbeurteilungs-Modelle und die Informationsökonomie interessieren sich wiederum für die Art der berücksichtigten Eigenschaften, vgl. hierzu Baumgarth (2003), S. 196.
[194] Vgl. Anderson (1981), S. 5.

scheidung hängt zum einen von dem zu beurteilenden Objekt, zum anderen von individuellen Faktoren, wie beispielsweise dem Wissen ab. Bei der Beurteilung von Marken spielen in diesem Zusammenhang insbesondere Assoziationen eine wichtige Rolle.[195] Im Anschluss an die Eigenschaftsbewertung erfolgt in der zweiten Phase des Beurteilungsprozesses die Integration der Einzelurteile zu einem Gesamturteil. Hinsichtlich der Integration existieren eine Vielzahl von Modelle,[196] wobei die beiden wichtigsten Modelle das Adding-Modell und das Averaging-Modell darstellen.[197]

Im Adding-Modell erfolgt die Ermittlung der Beurteilung gegenüber einem Objekt durch eine Aufsummierung der Einzelbewertungen aus der ersten Phase. Zu den bekanntesten Einstellungsmodellen, bei denen die Einzelurteile mittels der Adding-Regel zu einem Gesamt-urteil verknüpft werden, gehören die Modelle von *Fishbein* und *Trommsdorff*. Im Einstellungsmodell von *Fishbein* (1967) wird zwischen einer kognitiven und einer affektiven Beurteilung des Produktes durch den Konsumenten unterschieden. Die kognitive Komponente umfasst dabei das kognitive Wissen von Produkteigenschaften, welches durch die subjektive Wahrscheinlichkeiten erfasst wird (B_{ijk}). Die affektive Komponenten umfasst die affektive Bewertung dieser Eigenschaften (a_{ijk}). Diese Bewertungen werden multiplikativ miteinander verknüpft und über die Anzahl der in beiden Dimensionen enthaltenen Merkmalen aufsummiert.[198] Das Modell von *Fishbein* gehört zu den kompensatorischen Einstellungsmodellen, so dass das Ergebnis positiv (positive Einstellung), gleich null (Indifferenz) oder negativ (negative Einstellung) ausfallen kann.[199] *Fishbein* (1967) geht somit von folgendem funktionalen Zusammenhang aus:

$$A_{ij} = \sum_{k=1}^{n} B_{ijk} \times a_{ijk}$$

mit:

A_{ij} = Einstellung einer Person i gegenüber einem Objekt j (attitude)

B_{ijk} = Beurteilung einer Person i, dass ein Objekt j ein Merkmal k besitzt (belief)

a_{ijk} = Bewertung des Merkmals k bei Objekt j durch eine Person i

---

[195] Vgl. Baumgarth (2003), S. 196 f.
[196] Vgl. Anderson (1981), S. 12 ff.
[197] Vgl. Baumgarth (2003), S. 197.
[198] Vgl. Fishbein (1967); Ajzen/Fishbein (1972).
[199] Vgl. Meffert/Burmann/Kirchgeorg (2008), S. 124.

Im Einstellungsmodell von *Trommsdorff* (1975) wird hingegen nicht von einer solchen multiplikativen Verknüpfung ausgegangen. Im *Trommsdorff*-Modell werden die Distanzen zwischen einem Real- und Idealeindruck der Objekteigenschaften ermittelt und über alle Merkmale summiert. Die Grundannahme dieses Modells ist, dass die Einstellung umso positiver ausfällt, je geringer diese Distanz ausfällt. Es wird somit folgender funktionalen Zusammenhang angenommen:[200]

$$E_{ij} = \sum_{k=1}^{n} R_{ijk} - I_{ijk}$$

mit:

E_{ij} = Einstellung einer Person i gegenüber einem Objekt j

R_{ijk} = Realeindruck des k-ten Merkmals bei Objekt j durch Person i

I_{ijk} = Idealbild der Person i vom k-ten Merkmal von Objekt j

Die Folge dieser additiven Verknüpfung im Sinne der Adding-Regel ist, dass jede zusätzlich positiv bewertete Eigenschaft gemäß der additiven Integrationsregel zu einer besseren Gesamtbeurteilung der Produkte führt.[201] Im Rahmen eines neuen Produktes würde jede zusätzlich positiv bewertete Eigenschaft zu einer höheren Bewertung führen beziehungsweise bei einem Co-Brand würde jede zusätzlich berücksichtigte positiv bewertete Marke zu einer höheren Bewertung führen.[202] Im Averaging-Modell hingegen erfolgt die Berechnung der Einstellung durch die Division der Summe der gewichteten Einzelbewertungen durch die Summe der Gewichte.[203] Das bedeutet, dass es nur zu einer Aufwertung kommt, wenn der Beurteilungswert der hinzukommenden Eigenschaft/Marke den bereits berücksichtigten Eigenschaften/Marken überlegen ist.[204]

$$E_{ij} = \frac{\sum_{k=1}^{n} w_{ijk} \times b_{ijk}}{\sum_{k=1}^{n} w_{ijk}}$$

mit:

E_{ij} = Einstellung einer Person i gegenüber einem Objekt j

w_{ijk} = Bedeutung der Eigenschaft k für das Objekt j für die Person i

b_{ijk} = Beurteilung der Eigenschaft k für das Objekt j für die Person i

---

[200] Vgl. Trommsdorff (1975); Meffert/Burmann/Kirchgeorg (2008), S. 125.
[201] Vgl. Baumgarth (2003), S. 198.
[202] Vgl. Vogel/Huber (2007), S. 30.
[203] Vgl. Anderson (1981), S. 61.
[204] Vgl. Anderson (1981), S. 62.

Bei einer Gegenüberstellung der Ergebnisse des Adding- und Averaging-Modells zeigt sich, dass diese voneinander abweichen können. Im Zuge dessen stellt sich die Frage, welche der beiden Integrationsregeln den realen Beurteilungsprozess besser beschreibt. Zahlreiche Studien fanden heraus, dass das Averaging die am häufigsten angewandte Integrationsregel darstellt. Jedoch wurden auch Ausnahmen festgestellt, die durch den sogenannten set-size-Effekt[205] erklärt werden. Dieser Effekt besagt, dass die Beurteilung extremer ausfällt, wenn mehrere Eigenschaften mit der gleichen Bewertung berücksichtigt werden. Im Falle eines Co-Brands würde dies bedeuten, dass bei einer Integration die Kombination von zwei gleich gut bewerteten Marken oder zwei Marken mit gleichen Assoziationen, es im Vergleich zu einer einzelnen Marke, zu einer positiveren Bewertung kommt.[206] In dem vorliegenden Fall würde die Beurteilung des neuen Produktes im Rahmen einer Markenlizenzierungsstrategie schlechter ausfallen als im Rahmen einer Co-Branding-Strategie.

Für die Bildung des Gesamturteils ist neben der Integrationsregel zudem die Gewichtung der Eigenschaften von Bedeutung. Die Beurteilung eines Co-Brands kann dabei sehr unterschiedlich ausfallen. Zum einen beeinflusst die zuerst wahrgenommene Marke die Beurteilung des Co-Brands stärker als die später wahrgenommene Marke (Primacy Effect); zum anderen beeinflusst bei gleichzeitiger Wahrnehmung zweier Marken der Wichtigkeitseffekt die Gewichtung. Der Wichtigkeitseffekt besagt, dass das Individuum die bedeutendere Marke zuerst bei der Urteilsbildung heranzieht und diese dann auch stärker die Integration beeinflusst.[207] Diese Gewichtungseffekte bedeuten im Rahmen eines Co-Brandings, dass sowohl die Gestaltung des Co-Brands als auch die individuelle Wichtigkeit der Marken für die Beurteilung des Co-Brands von Bedeutung sind.[208] Im Rahmen einer Markenlizenzierungsstrategie, in der das neue Produkt nur mit einer Marke versehen ist, wird dieser Effekt nicht auftreten.

2.5.2.2 Reizgeneralisierung

Bei einer Markenexpansion ist ferner der Einstellungstransfer von der Stamm-Marke beziehungsweise den Stamm-Marken von besonderem Interesse. Die Ansätze zum Einstellungstransfer stellen keine geschlossene Theorie dar. Es handelt sich vielmehr um verschiedene Ansätze, welche die Übertragung der Einstellung von einem Einstellungsobjekt (z. B. einer

[205] Vgl. Anderson (1981), S. 130 ff.
[206] Vgl. Baumgarth (2003), S. 199.
[207] Vgl. Levin /Gaeth (1988), S. 38; Priemer (2000), S. 205.
[208] Vgl. Baumgarth (2003), S. 200.

etablierten Marke) auf ein anderes Einstellungsobjekt (z. B. einen Markentransfer) erklären. Das Modell der Reizgeneralisierung wurde im Rahmen der S-R-Lerntheorie entwickelt.[209] In dieser Theorie wird Lernen als eine Erhöhung der Wahrscheinlichkeit, dass bei einer Person auf einen bestimmten Reiz (Stimulus) eine bestimmte Reaktion erfolgt, verstanden. Die Reaktion einer Person wird dabei nicht ausschließlich durch einen ursprünglich identischen Reiz ausgelöst, sondern auch durch ähnliche Reize.[210]

Im Kontext einer Markentransferstrategie bedeutet dies, dass der Konsument bei einer wahrgenommenen Ähnlichkeit zwischen der Stamm-Marke und dem Transferprodukt die gelernte Reaktion hinsichtlich einer Stamm-Marke auch auf das Transferprodukt überträgt. Dabei kann sich diese gelernte Reaktion auf verschiedene Bereiche beziehen, wie zum Beispiel die Einstellung zum Transferprodukt, das Kaufverhalten des Verbrauchers oder auf die Wahrnehmung bestimmter Eigenschaften bei dem Transferprodukt.[211] Die Grundidee der semantischen Generalisierung ist die Überlegung, dass zwischen zwei Objekten, welche die gleiche Markierung besitzen, eine Übertragung des Images und der Einstellung von einem Objekt auf das andere Objekt stattfindet. Diese Übertragung kann auch stattfinden, wenn die beiden Objekte die gleiche Markierung besitzen, jedoch hinsichtlich ihrer physischen Eigenschaften Unterschiede aufweisen. Das bedeutet, dass aufgrund der Gleichheit beziehungsweise Ähnlichkeit einzelner Markenelemente (z. B. Name, Logo etc.) ein Einstellungstransfer erfolgt.[212] Empirische Studien im Rahmen der Markentransferforschung hinsichtlich eines direkten Einstellungstransfers liefern uneinheitliche Ergebnisse, wie *Tabelle 3* zu entnehmen ist. Während einige Studien die Reizgeneralisierung im Falle eines Markentransfers ablehnen mussten, konnten für das Co-Branding alle Studien einen positiven Zusammenhang bestätigen.

<table>
<tr><th>Co-Branding</th><th>Markentransfer</th></tr>
<tr><td rowspan="2">Direkter Einstellungstransfer <u>bestätigt</u>:
Simonin/Ruth (1998); McCarthy/Norris (1999); Voss/Tansuhaj (1999); Janiszewski/Osselaer (2000); Vaidyanathan/Aggarwal (2000); Hadjicharalambous (2001); Baumgarth (2003)</td><td>Direkter Einstellungstransfer <u>bestätigt</u>:
Roman (1969); Sheinin/Schmitt (1994); Bottomley/Doyle (1996); Bottemley/Holden (2001)</td></tr>
<tr><td>Direkter Einstellungstransfer <u>nicht bestätigt</u>:
Kerby (1967); Aaker/Keller (1990)</td></tr>
</table>

Tabelle 3: Überblick empirische Studien zum direkten Einstellungstransfer[213]

[209] Vgl. Kerby (1967), S. 314 ff.; Roman (1969), S. 369 ff.; Boush/Shipp/Loken (1987), S. 228.
[210] Vgl. Kroeber-Riel/Weinberg (2003), S. 329.
[211] Vgl. Günther (2002), S. 18.
[212] Vgl. Osgood/Suci/Tannenbaum (1957), S. 13 f.; Baumgarth (2003), S. 203 f.
[213] In Anlehnung an Baumgarth (2003), S. 204.

2.6 Zusammenhang zwischen Einstellung und Kaufabsicht

Wie erinnerlich ist das Konstrukt Einstellung aufgrund seiner Erklärungskraft für das Käuferverhalten sowie der guten Möglichkeiten der Operationalisierung für das Marketing von großer Bedeutung.[214] Im Mittelpunkt der wissenschaftlichen Diskussion steht dabei die verhaltensantreibende und verhaltenssteuernde Wirkung der Einstellung. Diskutiert wird, ob Einstellungen gemäß der sogenannten Einstellungs-Verhaltens-Hypothese (E-V-Hypothese) einen direkten Einfluss auf das menschliche Verhalten ausüben.[215] Die E-V-Hypothese postuliert, dass die Einstellung das Verhalten bestimmt und damit die Kaufwahrscheinlichkeit umso höher ist, je positiver die Einstellung ist.[216] Hinsichtlich dieses vermuteten Zusammenhangs wurden in der Vergangenheit eine Vielzahl von Studien durchgeführt, deren Ergebnisse jedoch höchst unterschiedlich ausfielen.[217] In einigen Studien wurde ein linearer Zusammenhang zwischen der Einstellung und dem Verhalten unterstellt, das heißt die empirisch ermittelte Korrelation zwischen der Produkteinstellung und dem Verhalten wurde im Sinne einer Abhängigkeit des Verhaltens von der Einstellung interpretiert.[218] In einer Studie von *LaPiere* (1934) konnte hingegen kein Zusammenhang zwischen der Einstellung gegenüber einem Meinungsgegenstand und dem Verhalten festgestellt werden.[219] Ferner wird in neueren Untersuchungen verstärkt der umgekehrte Einfluss belegt, wonach das Verhalten die Einstellung bestimmt.[220] Von einer noch komplexeren Vorstellung geht *Mummendey* (1988) aus, indem er von wechselseitigen kausalen Beziehungen zwischen den Einstellungs- und Verhaltensmaßen spricht.[221]

Es ist jedoch denkbar, dass ein Verbraucher ein Produkt einer bestimmten Marke nicht kauft, obwohl er dieser Marke äußerst positiv gegenüber eingestellt ist, weil bestimmte Störfaktoren, wie zum Beispiel situative Faktoren, ökonomische Bedingungen oder soziale Einflüsse bestehen.[222] Um dieses Dilemma bei der Untersuchung des Käuferverhaltens zu umgehen, bietet es sich an, auf die Kaufabsicht beziehungsweise Verhaltensintentionen allgemein als Zielkonstrukt zurückzugreifen. Die Kaufabsicht verkörpert ein hypothetisches Konstrukt, welches

[214] Vgl. Foscht/Swoboda (2007), S. 65.
[215] Vgl. Kroeber-Riel/Weinberg (2003), S. 171.
[216] Vgl. Mummendey (1988), S. 2 f.; Witte (1992), S. 49 f.; Foscht/Swoboda (2007), S. 64.
[217] Vgl. Stroebe (1980), S. 169.
[218] Vgl. Kroeber-Riel/Weinberg (2003), S. 172.
[219] Vgl. LaPiere (1934), S. 239 ff.
[220] Vgl. Kroeber-Riel/Weinberg (2003), S. 173.
[221] Vgl. Mummendey (1988), S. 16.
[222] Vgl. Foscht/Swoboda (2007), S. 64.

angibt, für wie wahrscheinlich ein Konsument den Erwerb einer Marke hält.[223] *Horward* (1994) definiert die Kaufabsicht als einen „geistigen Zustand, der den Plan des Kunden reflektiert, eine festgelegte Menge einer bestimmten Marke in einem festgelegten Zeitraum zu kaufen".[224] Mit Hilfe der Messung der Kaufabsicht erwartet man, dass der Konsument über die Kaufabsicht die Einstellung gegenüber einem Produkt und zugleich die Einschätzung der erwarteten Kaufsituation – und damit die späteren Kaufbedingungen – zum Ausdruck bringt. Demzufolge liegen Kaufabsichten „näher" am Verhalten als die gemessenen Einstellungen zu dem Produkt und eignen sich als bessere Verhaltensprädiktoren.[225]

Auch bei *Trommsdorff* (2004) kommt es zu einer Unterscheidung zwischen tatsächlichem Verhalten und der Verhaltensintention. Gemäß *Trommsdorff* übt die Einstellung, die sowohl aus einer affektiven als auch aus einer kognitiven Komponente besteht, einen Einfluss auf die Verhaltensintention aus, welche gemäß der heute vorherrschenden Auffassung ein eigenständiges Konstrukt darstellt und keinen Bestandteil der Einstellung repräsentiert.[226] Die Verhaltensintention wirkt sich dann wiederum auf das Verhalten aus, so dass der Verhaltensintention eine Mediatorfunktion zwischen der Einstellung und dem Verhalten zugeschrieben werden kann.[227]

Auch *Fishbein* (1975) modelliert in seinem sogenannten erweiterten *Fishbein*-Modell die Verhaltensintention als Determinante des tatsächlichen Verhaltens.[228] Hervorzuheben ist im *Fishbein*-Modell, dass dieses Störfaktoren zwischen der Einstellung und dem Verhalten explizit berücksichtigt. Das heißt es finden soziale Einflüsse und Normen Berücksichtigung, die die Umsetzung von Einstellungen in Kaufabsichten beeinflussen können, sowie Bedingungen der Kaufsituation, welche die Umsetzung von Kaufabsichten in tatsächliche Käufe beeinflussen können. In *Abbildung 7* ist das erweiterte *Fishbein*-Modell schematisch dargestellt. In diesem Zusammenhang wird die Verhaltensabsicht als unmittelbarer Vorläufer des tatsächlichen Verhaltens betrachtet.[229]

---

[223] Vgl. Nieschlag/Dichtl/Hörschgen (2002), S. 599.
[224] Vgl. Howard (1994), S. 41.
[225] Vgl. Kroeber-Riel/Weinberg (2003), S. 176.
[226] Vgl. Kapitel 2.5.1.
[227] Vgl. Trommsdorff (2004), S. 155.
[228] Vgl. Fishbein/Aijzen (1975), S. 16.
[229] Vgl. Foscht/Swoboda (2007), S. 72; Kuß/Tomczak (2004), S. 57. Ein Einfluss in entgegengesetzter Richtung ist grundsätzlich ebenfalls möglich. So ist denkbar, dass die durchgeführte Handlung die Verhaltensintention oder die Einstellung beeinflusst, vgl. Trommsdorff (2004), S. 164; Trumpfheller (2005), S. 66. Die vorliegende Studie geht jedoch von der vereinfachten Annahme einer einseitigen Beeinflussung aus.

Aufgrund der stärkeren Verhaltensrelevanz von Verhaltensintentionen im Vergleich zu Einstellungen, dient in der vorliegenden Studie die Kaufabsicht als finales Zielkonstrukt.

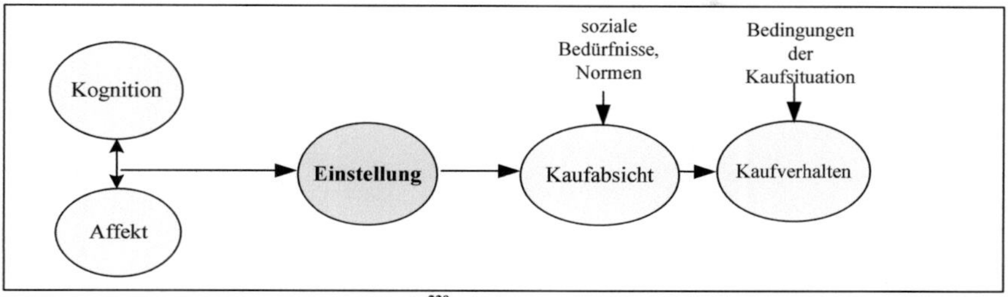

Abbildung 7: Das erweiterte *Fishbein*-Modell[230]

[230] In Anlehnung an Foscht/Swoboda (2007), S. 72; Kuß/Tomczak (2004), S. 45.

3 KONZEPTUALISIERUNG EINES MODELLS ZUR ANALYSE VON MARKENEXPANSIONSOPTIONEN

3.1 Erfolgsfaktoren der Markenlizenzierungs- und Co-Branding-Strategie

3.1.1 Zur Auswahl der analysierten Erfolgsfaktoren

Die Markentransferforschung hat sich in den letzten 15 Jahren intensiv mit den Erfolgswirkungen von Markentransfers beschäftigt.[231] Insbesondere die Studien von *Sattler* (1989), *Zatloukal* (2002), *Völckner* (2003) und *Völckner/Sattler* (2006) bieten im Hinblick auf die wesentlichen Erfolgsfaktoren im Rahmen eines Markentransfers einen umfassenden Überblick über den aktuellen Forschungsstand.[232] Diese Erkenntnisse sowie Ergebnisse aus der Co-Branding-Forschung bilden die Grundlage für die Auswahl der Einflussfaktoren in der vorliegenden Untersuchung. In den erwähnten Studien wurden entweder reale, das heißt in der Vergangenheit tatsächlich durchgeführte Markentransfers, oder hypothetische, also bisher nicht auf dem Markt eingeführten Markentransfers, als Analysegegenstand verwendet. Da zwischen diesen Analysen nur sehr geringe Unterschiede existieren, können die Untersuchungsergebnisse auf Basis hypothetischer Markentransfers gut auf reale Markentransfers übertragen werden.

Die vorliegende Studie umfasst zwei empirische Untersuchungen. Die erste Untersuchung dient dabei der Analyse potentieller Erfolgsfaktoren, die auf die Einstellung gegenüber einer Markenexpansion wirken, wenn das Unternehmen sich für eine Markenlizenzierungsstrategie entscheidet. Die zweite Untersuchung dient der Analyse der Einflussfaktoren bei Wahl einer Co-Branding-Strategie.[233] In beiden Untersuchungen wurden folgende Erfolgsfaktoren berücksichtigt, die sich in der Literatur als bedeutsam erwiesen haben: die Qualitätsbeurteilung der Muttermarke, die Ähnlichkeit zwischen den bisherigen Produkten der Muttermarke und dem Transferprodukt (Produktfit), die Ähnlichkeit zwischen den Produktkategorien (Produktkategorie-Fit), das Markenimage der Muttermarke und die Relevanz der transferierten Assoziationen.

In der ersten Untersuchung, die sich auf die Markenlizenzierung als eine Form des Markentransfers bezieht, wurde ein weiteres Konstrukt aufgenommen. Dieses berücksichtigt, dass die Konsumenten nicht wissen, dass das Markentransferprodukt von einem anderen Hersteller mit

---

[231] Vgl. Völckner (2003), S. 1.

[232] Vgl. Sattler (1998), S. 475 ff.; Völckner (2003); Zatloukal (2002); Völckner/Sattler (2006), S. 18 ff.

[233] Die Begriffe Einfluss- und Erfolgsfaktoren werden im Folgenden synonym gebraucht.

entsprechender Kompetenz gefertigt wird und nur mit der Muttermarke versehen wird. Denn im Rahmen einer Markenlizenzierungsstrategie kommunizieren die Unternehmen nicht offen, dass sie manche Produkte gar nicht selbst herstellen. Der Konsument muss daher annehmen, dass der Markeninhaber selbst die Produkte produziert. In der Konsequenz ist zu vermuten, dass der Kompetenz, die dem Markeninhaber selbst für die Herstellung der Produkte der Transferkategorie zugeschrieben wird, eine besondere Relevanz zukommt. In der vorliegenden Untersuchung wird dieser Erfolgsfaktor als Herstellungskompetenz bezeichnet. In diesem Zusammenhang ist anzumerken, dass Studien, die sich ausschließlich auf die Markenlizenzierung als eine Form des Markentransfers beziehen und deren spezifischen Erfolgsfaktoren analysieren, sehr rar sind.[234] Das Konstrukt Herstellungskompetenz findet in den meisten Studien der Markentransferforschung zwar Berücksichtigung, jedoch nur als eine Dimension des sogenannten. Fits.[235] Um den Einflussfaktor Herstellerkompetenz im Rahmen einer Markenlizenzierungsstrategie genauer zu analysieren, wurde dieser Faktor in der vorliegenden Untersuchung als eigenständiges Konstrukt berücksichtig.

In der zweiten Untersuchung, die sich mit den Erfolgsfaktoren und Wirkung einer Co-Branding-Strategie beschäftigt, wird hingegen der Kooperationspartner offen kommuniziert, weshalb dem Einflussfaktor Herstellungskompetenz keine Bedeutung zukommt. Deshalb findet diese Größe in Analyse der Co-Branding-Strategie keine Berücksichtigung. Stattdessen finden Erfolgsfaktoren Eingang in die Untersuchung, die sich im Speziellen auf einen Kooperationspartner im Rahmen einer Co-Branding-Strategie beziehen. Anhand einer Literaturdurchsicht ließen sich dabei das Markenimage des Kooperationspartners, die Ähnlichkeit der Images sowie die Ähnlichkeit der Qualitäten der Kooperationspartner als Größen identifizieren. Im Folgenden wird der Einfluss der betrachteten Einflussfaktoren auf die Einstellung gegenüber der Markenexpansion genauer untersucht.

3.1.2 Qualitätsbeurteilung der Muttermarke

Eine der am häufigsten analysierten Erfolgsgrößen hinsichtlich der Wahrnehmung und Beurteilung eines Markentransfers stellt die wahrgenommene Qualität der Muttermarke dar.[236] Die Qualitätseinschätzung einer Marke ist subjektiv und differiert somit von Konsument zu Konsument. Oftmals unterscheidet sich die subjektiv wahrgenommene Qualität einer Marke von

---

[234] Vgl. Kutz (2004), S. 126 ff.; Ludewig (2006), S. 137.
[235] Vgl. Zatloukal (2002), S. 65; 238.
[236] Vgl. Sattler/Völckner/Zatloukal (2002a), S. 25.

deren objektiven Qualität aufgrund technisch-physikalischer Produkteigenschaften.[237] Diese Abweichung kann sowohl positiv als auch negativ sein. Im Falle einer positiven Abweichung nimmt der Konsument die Qualität des Produktes besser wahr als diese aufgrund der Produkteigenschaften tatsächlich ist. Bei einer negativen Abweichung ist die umgekehrte Situation der Fall; die subjektive Qualitätseinschätzung ist geringer als die objektive Qualität des Produktes.[238]

Beim Kauf eines Produktes bestehen relativ hohe Unsicherheiten, da nur ein Teil aller Eigenschaften eines Produktes durch alleinige Betrachtung des Produktes feststellbar ist, wie beispielsweise die Farbe oder Verpackungsgröße (Suchattribute). Andere Eigenschaften hingegen, wie der Geschmack eines Produktes, können erst nach der Produktverwendung beurteilt werden (Erfahrungsattribute). Somit ist bei diesen sogenannten Erfahrungsgütern die Gefahr eines Fehlkaufs relativ hoch. Jedoch existieren darüber hinaus Eigenschaften, die auch nach der Verwendung der Produkte nicht oder nur schwer feststellbar sind, wie zum Beispiel die Kariesschutzwirkung von Zahnpasta. Diese für den Konsumenten nicht beobachtbaren Eigenschaften stellen Glaubens- beziehungsweise Vertrauensattribute dar.[239] Aufgrund der existierenden Unsicherheit hinsichtlich der Erfahrens- und Glaubenseigenschaften nutzen viele Konsumenten oftmals die mit der Marke verbundenen Assoziationen als Qualitätsindikator.[240] Das bedeutet, dass durch den Kauf einer bekannten, von den Konsumenten als qualitativ hochwertig wahrgenommenen Marke, sich ihr wahrgenommenes Risiko reduziert; folglich steigt die Kaufwahrscheinlichkeit eines Produktes beziehungsweise einer Marke.[241] Grundsätzlich wird angenommen, dass je höher die wahrgenommene Qualität eines Leistungsangebotes, desto wahrscheinlicher ist, dass ein Konsument dieses kauft.[242] Eine Vielzahl von Studien haben sich in den letzten Jahren mit der Erfolgswirkung der Qualitätswahrnehmung der Muttermarke auf den Markentransfer auseinandergesetzt. Die meisten dieser Studie stellten einen signifikant positiven Einfluss fest. Keinen signifikanten Zusammenhang zeigten lediglich die Studie von *Aaker/Keller* (1990) und die von *Reddy/Holak/Bhat* (1994) auf.[243] Die *Tabelle 4* gibt einen Überblick über empirische Studien zu diesem Thema.

---

[237] Vgl. Zeithaml (1988), S. 3; Zatloukal (2002), S. 23.
[238] Vgl. Zatloukal (2002), S. 23.
[239] Vgl. Nelson (1970), S. 312; Weiber/Adler (1995), S. 59; Evanschitzky (2003), S. 22.
[240] Vgl. Zeithaml (1988), S. 9 f.; Zatloukal (2002), S. 24.
[241] Vgl. Rao/Rueckert (1994), S. 88; Sullivan (1998), S. 155.
[242] Vgl. Nieschlag/Dichtl/Hörschgen (2002), S. 606.
[243] Vgl. Aaker/Keller (1990), S. 35; Reddy/Holak/Bhat (1994), S. 254 f.

Empirische Studien zum Einflussfaktor Qualität der Muttermarke	
Hypothese bestätigt**	Hypothese nicht bestätigt
Bush/Ship/Loken (1987); Sunde/Brodie(1993); Nijssen/Hartmann (1994); Sheinin/Schmitt (1994); Bottomely/Doyle (1996); Nijssen/Bucklin (1998); Bottomley/Holden (2001); Park/Kim (2001); Park/Kim/Kim (2002); Zatloukal (2002)*, Sattler/Völckner (2003); Van Osselaer/Alba (2003); Sattler/Völckner/Zatloukal (2003)*; Taylor/Bearden (2003); Völckner (2004)*; Völckner/Sattler (2004*, 2006, 2007)	Aaker/Keller (1990); Reddy/Holak/Bhat (1994)
* für einzelne Teilstichproben nicht bestätigt ** Untersuchungen beziehen sich auf den Konsumgüterbereich[244]	

Tabelle 4: Überblick empirischer Studien zum Einflussfaktor Qualität[245]

Folglich liegt die Vermutung nahe, dass mit zunehmend wahrgenommener Qualitätseinschätzung einer Muttermarke durch die Konsumenten auch die Einstellung gegenüber der Markenexpansion positiver ausfällt; und zwar deshalb, weil die Konsumenten ihre bisherigen Qualitätsassoziationen hinsichtlich der Muttermarke auf das Transferprodukt übertragen.[246] Da den Konsumenten im Rahmen einer Markenlizenzierungsstrategie nicht offen kommuniziert wird, dass die Produkte von einem anderen Unternehmen hergestellt werden, kann davon ausgegangen werden, dass die Konsumenten die wahrgenommene Qualität der Muttermarke auf die Markenerweiterung übertragen. Bei einer Co-Branding Strategie ist entsprechend anzunehmen, dass die wahrgenommene Qualität der kooperierenden Marken auf das neue Produkt übertragen wird. Vor diesem Hintergrund kann für beide Untersuchungsmodelle folgende Hypothese aufgestellt werden:

H_1: Je höher die wahrgenommene Qualität der Produkte der Muttermarke ist, desto positiver ist die Einstellung gegenüber der Markenexpansion.

[244] Es existieren zudem Studien, die den Einflussfaktor Qualität der Muttermarke auf den Dienstleitungsbereich bezogen habe. Auch hier kam es zu einer Bestätigung der Hypothese, vgl. Hem/Iversen (2003); Martinez/Pina (2005); Van Riel/Ouwersloot (2005).

[245] In Anlehnung an Zatloukal (2002), S. 25; Kröger (2007), S. 22.

[246] Vgl. Aaker/Keller (1990), S. 29.

3.1.3 Produktfit

Neben der Qualität stellt der Fit zwischen der Muttermarke und dem Transferprodukt eine der häufigsten in der Markentransferforschung untersuchten Einflussgrößen dar.[247] Im Allgemeinen bezeichnet der Fit (engl. = passen, zusammengehören, in Beziehung stehen) die vom Konsumenten wahrgenommene Ähnlichkeit zwischen zwei Vergleichsobjekten.[248] Theoretisch lässt sich die Beurteilung des Fits auf Basis der Kategorisierungstheorie erklären.[249] Unter Kategorisierung versteht man die Einordnung eines Ereignisses in ein bestehendes Schema. Aus dieser Einordnung resultiert letztlich die Gleichbehandlung dieses Ereignisses mit den übrigen Elementen des Schemas.[250] Der Grad der Ähnlichkeit beziehungsweise der Kongruenz zwischen einem neu zu verarbeiteten Stimulus und einem Schema ist umso höher, je typischer der Stimulus für die betreffenden Kategorie ist. Das bedeutet, dass eine Kategorisierung umso schwieriger ist, je geringer die Ähnlichkeit ist.[251] Bei der Markenlizenzierung ist davon auszugehen, dass der Transfererfolg davon abhängt, ob es einem Unternehmen gelingt, die Produkte unter einem Schema zu integrieren. Es ist anzunehmen, dass der Produktfit im Rahmen einer Co-Branding-Strategie von geringerer Bedeutung ist, da die Konsumenten eher einen Vergleich zwischen den Marken vornehmen.[252] Dennoch ist auch beim Co-Branding ein Einfluss des Produktfits zu vermuten.

Zahlreiche empirische Studien der Markentransferforschung weisen darauf hin, dass dem Fit generell eine wesentliche Bedeutung zur Erklärung des Markentransfererfolgs zugewiesen werden kann.[253] Jedoch unterscheiden sich die Ähnlichkeitsurteile je nach zugrunde gelegtem Vergleichsobjekt und damit verbundenen unterschiedlichen Wissens- und Informationsinhalten, die vom Verbraucher zur Ähnlichkeitsbestimmung herangezogen werden. Es besteht in diesem Zusammenhang Unklarheit darüber, welche konkreten Dimensionen des mehrdimensionalen Konstruktes Fit bestehen und wie die einzelnen Dimensionen bei wahrgenommener Ähnlichkeit zwischen Muttermarke und Markentransfer letztendlich auf den Erfolg wirken. Es existieren neben dem rein eigenschaftsbezogenen Fit (z. B. ähnliche physikalisch-technische Eigenschaften) noch andere Fit-Dimensionen, wie zum Beispiel die Ähnlichkeit der Imagepo-

[247] Vgl. Zatloukal (2002), S. 60.
[248] Vgl. Günther (2002), S. 43.
[249] Vgl. Baumgarth (2003), S. 225 sowie ausführlich Kapitel 2.4.2.
[250] Vgl. Boush (2005), S. 812.
[251] Vgl. Fiske et al. (1987), S. 399 ff.; Binsack (2003), S. 69.
[252] Vgl. Baumgarth (2003), S. 225.
[253] Vgl. Reinstrom (2007), S. 35.

sitionierung, die Qualitätsanmutung oder die Möglichkeit der komplementären Verwendung der Produkte.[254] *Tabelle 5* zeigt eine Übersicht über die untersuchten Fit-Dimensionen.

Empirische Studien zum Einflussfaktor Fit		
	Hypothese bestätigt	**Hypothese nicht bestätigt**
Globale Ähnlichkeit	Bridges (1990); Boush/Loken (1991); Bridges/Keller/Sood (2000); Klink/Smith (2001); Del Vecchio/Smith (2005); Oakley/Balachander/Sriram (2005); Sattler/Völckner/Zatloukal (2003); Völckner/Sattler (2007)	Smith/Park (1992); Bhant/Reddy (2001)
Komplementarität von Muttermarke und Transferprodukt	Bottomley/Doyle (1996); Bottomley/Holden (2001); Chakravarti/McInnis/Nakamoto (1990); Nijssen/Bucklin (1998)	Aaker/Keller (1990); Nijssen/Hartmann (1994); Sunde/Brodie (1993)
Substituierbarkeit von Muttermarke und Transferprodukt	Bottomley/Doyle (1996); Bottomley/Holden (2001); Chakravarti/McInnis/Nakamoto (1990)	Aaker/Keller (1990)
Markenkonzeptkonsistenz	Bhat/Reddy (2001); Meyvis/Janiszewski (2004); Park/Kim/Kim (2002); Völckner/Sattler (2007); Zatloukal (2002)	Thorbjörnsen (2005)

Tabelle 5: Überblick empirischer Studien zum Einflussfaktor Fit[255]

Auch *Zatloukal* (2002) beschäftigte sich in einer umfangreichen Studie mit dem Fit als Erfolgsfaktor des Markentransfers. *Zatloukal* unterscheidet den Fit nach den Dimensionen: globales Ähnlichkeitsurteil, Ähnlichkeit hinsichtlich der objektiven Produkteigenschaften, Ähnlichkeit hinsichtlich des wahrgenommenen Umfangs der Komplementaritäts- beziehungsweise Substitutionsbeziehungen zwischen Muttermarke und Transferprodukt, Ähnlichkeit hinsichtlich der wahrgenommenen Kompetenz zur Herstellung beider Produkte, Ähnlichkeit hinsichtlich der Konsistenz des Markenkonzepts von der Muttermarke und dem Transferprodukt. Alle Beurteilungsebenen weisen auf einen positiven Zusammenhang zwischen dem Konstrukt Fit und dem Markentransfererfolg hin.[256] Nach *Zatloukal* ist demnach zu vermuten, dass die Erfolgswahrscheinlichkeit eines Markentransfers mit zunehmender Ähnlichkeit von Muttermarke und Markentransferprodukt steigt. Zurückzuführen sei dies darauf, dass mit steigendem Fit die mit der Muttermarke verbundenen Assoziationen leichter auf das Transferprodukt

[254] Vgl. Reinstrom (2007), S. 4.
[255] In Anlehnung an Kröger (2007), S. 33.
[256] Vgl. Zatloukal (2002), S. 60.

übertragen werden können.[257] Das bedeutet, dass im Rahmen eines Markentransfers ein Vergleich zwischen der Muttermarke und dem Transferprodukt stattfindet.

Die Ergebnisse anderer empirischer Studien sind jedoch nicht eindeutig. Teilweise wird ein Zusammenhang nur für eine der betrachteten Fit-Dimensionen bestätigt. Beispielweise konnten *Aaker/Keller* (1990) nur für die Ähnlichkeit im Sinne der wahrgenommenen Kompetenz des Herstellers des Muttermarkenproduktes zur Herstellung des Transferproduktes einen positiven Einfluss auf den Transfererfolg ermitteln. Für die Fit-Dimensionen Substituierbarkeit und Komplementarität wurden hingegen keine signifikanten Einflüsse festgestellt.[258] Überwiegend lässt sich dennoch feststellen, dass mit zunehmendem Fit zwischen der Muttermarke und dem Transferprodukt der Markentransfererfolg steigt. *Klink/Smith* (2001) bezeichnen die Wirksamkeit des Konstruktes daher als „one of the most well-supported findings in brand extentension reasearch".[259]

In der vorliegenden Studie werden verschiedene Fit- Dimensionen hinsichtlich deren Wirkung auf den Markentransfererfolg in Form der Bildung einer positiven Einstellung gegenüber einer Markenexpansion überprüft. Vor dem Hintergrund der vorherigen Überlegungen lässt sich auch ein positiver Zusammenhang des Produktfits zwischen Ausgangs- und Transferprodukt auf die Einstellung gegenüber der Markenexpansion mutmaßen, was für beide Optionen der Markenexpansion zutreffen sollte. Hypothese 2 lautet daher:

H_2:	Je höher die wahrgenommene Produktfit, desto positiver ist die Einstellung gegenüber der Markenexpansion.

3.1.4 Produktkategorie-Fit

Wie im vorherigen Kapitel bereits erläutert, ist die Bestimmung der Ähnlichkeit abhängig davon, welche Vergleichsobjekte die Konsumenten heranziehen. Der Produktkategorie-Fit gibt an, inwiefern die bisherige und die neue Produktkategorie zusammenpassen. Empirische Studien bestätigen, dass die neue Produktkategorie der alten Produktkategorie möglichst ähn-

[257] Vgl. Zatloukal (2002), S. 60.
[258] Vgl. Zatloukal (2002), S. 63.
[259] Klink/Smith (2001), S. 333.

lich sein sollte, damit seitens der Konsumenten die Akzeptanz der Markenerweiterung gewährleistet ist.[260]

Günther (2002) beschäftigte sich in seiner Studie ebenfalls mit dem Einfluss des Fits auf den Markentransfererfolg. Der Autor unterscheidet drei Ebenen der Ähnlichkeitsbetrachtung zwischen einer Stamm-Marke und der Markenerweiterung: die Produktklassenebene, die Produktklassen-Markenebene und die Markenebene. Die Unterschiede zwischen den Ebenen bestehen dabei in den unterschiedlichen Vergleichsobjekten, die ein Verbraucher zu Bestimmung der Ähnlichkeiten heranzieht.[261] Die Untersuchung der Ähnlichkeit auf Produktklassenebene analysiert die Ähnlichkeit zwischen der Stammprodukt- und Transferproduktklasse. Die zweite Ebene, die *Günther* differenziert, umfasst die Produktklassen-Marken-Ebene.[262] Auf dieser Ebene wird die wahrgenommene Ähnlichkeit zwischen der Stamm-Marke und der Transferproduktklasse analysiert. Auf der dritten Ebene nennt *Günther* die Ähnlichkeit auf Markenebene zwischen Stamm-Marke und dem markierten Transferprodukt. [263]

Im Rahmen der vorliegenden Untersuchung, soll neben dem bereits betrachteten Produktfit die Produktkategorie-Ähnlichkeit näher untersucht werden. Frühere Studien, die sich mit der Wirkung der Produktkategorie-Ähnlichkeit auf die Beurteilung der Markenerweiterungen beschäftigt haben, unterstellen einen positiven Einfluss dieser Ähnlichkeitsbetrachtung auf die Markenerweiterung.[264] Dennoch muss dieser Einfluss differenziert betrachtet werden. Denn die Assoziationen, die ein Verbraucher mit der Stammkategorie verbindet, können nur indirekt über die Markierung der Markenerweiterung mit dem Markenzeichen der Stamm-Marke aktiviert werden.[265] Nach *Günther* (2002) besitzt der globale Produktkategorie-Fit daher ein vergleichsweise geringes diagnostisches Potenzial, da spezifischen Assoziationen, auf denen die Ähnlichkeitswahrnehmung beruht, nicht aufgedeckt werden können.[266] Studien von *Hätty* (1989) und *Dacin/Smith* (1994) schränken den Einfluss des Produktkategorie-Fits dahingehend ein, dass neben dem Produktkategorie-Fit noch weitere Einflussgrößen existieren, die die Wirkung des Produktkategorie-Fits überlagern können.[267] In den Studien von *Aaker/Keller*

[260] Vgl. Boush/Loken (1991), S. 25.
[261] Vgl. Günther (2002), S. 41.
[262] Vgl. Günther (2002), S. 48 f.
[263] Vgl. Günther (2002), S. 50 f.
[264] Vgl. Tabelle 5.
[265] Vgl. Günther (2002), S. 45.
[266] Vgl. Günther (2002), S. 46.
[267] Vgl. Hätty (1989), S. 188; Dacin/Smith (1994), S. 237.

(1990) und *Sunde/Brodie* (1993) wird der Produktkategorie-Fit in Bezug auf substitutionale und komplementäre Beziehungen zwischen den Produktkategorien untersucht. Diese Studien berücksichtigen auch die Ähnlichkeit hinsichtlich des notwendigen Know-hows zur Fertigung des Produktes in der Stamm- und Transferproduktkategorie. Als gewichtigste Größe zeigte sich der Studie von *Aaker/Keller* (1990) zufolge der Produktkategorie-Fit in Bezug auf das Fertigungs-Know-how und die komplementären Beziehungen zwischen den Produktkategorien.[268] Auch andere Studien konnten den Einfluss des Produktkategorie-Fits bestätigen, wie in *Tabelle 6* ersichtlich.

Empirische Studien zum Einflussfaktor Produktkategorie-Fit	
Hypothese bestätigt	Hypothese nicht bestätigt
Boush/Shipp/Loken (1987); Hätty (1989)[269] Aaker/Keller (1990); Boush/Loken (1991); Park/Milberg/Lawson (1991); Park/McCarthy/Milberg (1993); Sunde/Brodie (1993); Broniarczyk/Alba (1994); Dacin/Smith (1994)	Chakravarti/MacInnis/Nakamoto (1990); Smith/Park (1992)

Tabelle 6: Überblick empirischer Studien zum Einflussfaktor Produktkategorie-Fit[270]

Insgesamt kann daher trotz der angesprochenen Einschränkungen von einem positiven Einfluss des Produktkategorie-Fits auf den Erfolg eines Markentransfers gesprochen werden. Infolgedessen lässt sich vermuten, dass auch die Einstellung gegenüber der Markenexpansion als Indikator für den Markentransfererfolg positiv vom Produktkategorie-Fit beeinflusst wird. Dies ist unabhängig von der gewählten Markentransferoption – Co-Branding oder Markenlizenzierung – Fall, weshalb folgende Hypothese für beide Untersuchungsmodelle postuliert werden kann:

H_3: Je höher der Produktkategorie-Fit, desto positiver ist die Einstellung gegenüber der Markenexpansion.

[268] Vgl. Aaker/Keller (1990), S. 30.

[269] Nur eingeschränkte Bestätigung der Hypothese, da der Produktkategorie-Fit als Einflussgröße nur für eine von zwei Marken bestätigt wurde.

[270] In Anlehnung an Günther (2002), S. 206.

3.1.5 Relevanz der transferierten Assoziationen für die Transferkategorie

Ein hoher Produkt- bzw. Produktkategorie-Fit ermöglicht den Transfer von Assoziationen des Stamm- auf das Erweiterungsprodukt. Neben dieser Möglichkeit beziehungsweise Vereinfachung eines Transfers durch den Fit kommt es ferner auf die Relevanz der von der Muttermarke transferierten Assoziationen für die Markenerweiterung an.[271] In ihrer Gesamtheit bilden die Assoziationen der jeweiligen Muttermarke ihr Markenimage ab.[272] Die Assoziationen können dabei ganz unterschiedlicher Natur sein. Zum einen können Assoziationen vorliegen, die eng mit der Produktkategorie der Muttermarke zusammenhängen; zum anderen können Assoziationen existieren, die sich auf bestimmte Vorstellungen der Konsumenten hinsichtlich der Verwendungssituation, der geographischen Herkunft oder der Zielgruppe der Marke beziehen.[273] Sind die Assoziationen bezüglich der Stamm-Marke in der Transferproduktkategorie nicht einstellungsrelevant, werden sie keinen Einfluss auf die Beurteilung der Markenerweiterung haben. Dementsprechend werden zum Beispiel bei einem Markentransfer der Marke *Coca-Cola* in den Bekleidungsmarkt die Markenassoziationen für die Beurteilung des Markentransfers seitens der Verbraucher mit hoher Wahrscheinlichkeit irrelevant sein. Sind die Assoziationen der Stamm-Marke jedoch relevant, kann die Übertragung dieser Assoziationen die Beurteilung des Markentransfers positiv beeinflussen.[274] Diese Annahme wurde in einigen Studien analysiert und ausnahmslos ein positiver Zusammenhang zwischen der Relevanz der Assoziationen und dem Markentransfererfolg bestätigt, wie nachfolgende *Tabelle 7* verdeutlicht:

Empirische Studien zum Einflussfaktor Relevanz der transferierten Assoziationen	
Hypothese bestätigt	Hypothese nicht bestätigt
Park/Milberg/Lawson (1991); Boush (1993); Park/McCarthy/Milberg (1993); Broniarczyk/Alba (1994); Zatloukal (2002); Sattler/Völckner (2003); Sattler/Völckner/Zatloukal (2003); Völckner/Sattler (2004, 2007)	

Tabelle 7: Überblick empirischer Studien zum Einflussfaktor Relevanz der transferierten Assoziationen[275]

[271] Vgl. Günther (2002), S. 51.
[272] Vgl. hierzu ausführlich Kapitel 3.1.6.
[273] Vgl. Zatloukal (2002), S. 67.
[274] Vgl. Günther (2002), S. 51.
[275] In Anlehnung an Zatloukal (2002), S. 68; Günther (2002), S. 206.

Broniarczyk/Alba (1994) zeigen in einer Studie sogar, dass die Relevanz der Assoziationen einen deutlich stärkeren Einfluss auf die Beurteilung einer Markenerweiterung ausübt, als der Produktkategorie-Fit.[276] Folglich wird eine Markenerweiterung mit geringem Produktkategorie-Fit, deren Stamm-Marke aber über für die Markenerweiterung relevante Assoziationen verfügt, besser beurteilt als eine Markenerweiterung mit hohem Produktkategorie-Fit ohne relevante Assoziationen.[277]

In einer Studie von *Park/Milberg/Lawson* (1991) wurde ferner der Einfluss unterschiedlicher Arten von Stamm-Marken-Assoziationen genauer analysiert. Hierbei erfolgte eine Unterscheidung zwischen funktionsorientierten (z. B. Zuverlässigkeit, Haltbarkeit) und prestigeorientierten (z. B. Prestige, Luxus) Assoziationen. Hinsichtlich funktionsorientierter Assoziationen deuten die Ergebnisse der Studie auf einen geringfügigen Einfluss hin. Jedoch können Stamm-Marken mit prestigeorientierte Assoziationen (z. B. die Uhrenmarke *Rolex*) – unter der Voraussetzung, dass die Stamm-Markenassoziationen in der Transferkategorie relevant sind – in eine für die Stamm-Markenkategorie fremde Produktkategorie erweitert werden.[278]

Dieser Zusammenhang kann bei einer Reihe von Luxus-Marken, wie *Davidoff* oder *Pierre Cardin* beobachtet werden, die ihren Markennamen in für die Muttermarke fremde Produktkategorien erfolgreich transferiert haben.[279] Bei einer Markenlizenzierung ist also davon auszugehen, dass eine hohe Relevanz der von der Stamm-Marke transferierten Assoziationen in der Erweiterungsproduktklasse zu einer positiven Einstellung gegenüber der Markenexpansion führt. Diese Annahme lässt sich ferner auch auf das Co-Branding, bei dem zwei Marken miteinander kooperieren auf beide beteiligten Partnermarken übertragen. Entsprechend kann folgende Hypothese formuliert werden, die es für beide Untersuchungsmodelle zu überprüfen gilt:

H_4:	Je höher die Relevanz der von der Muttermarke transferierten Assoziationen in der Transferproduktklasse, desto positiver ist die Einstellung gegenüber der Markenexpansion.

[276] Vgl. Broniarczyk/Alba (1994), S. 216.
[277] Vgl. Günther (2002), S. 53.
[278] Vgl. Park/Milberg/Lawson (1991), S. 191 f.
[279] Vgl. Günther (2002), S. 52.

3.1.6 Markenimage der Muttermarke

Seit den 1950er Jahren stellt das Markenimage ein wichtiges Konzept der Konsumentenverhaltensforschung dar.[280] Wie bereits im vorherigen Kapitel erläutert, besteht das Markenimage aus der Gesamtheit der Assoziationen.[281] In einer überladenen Markenwelt gestaltet es sich sehr schwierig, neue Marken erfolgreich zu positionieren. Infolgedessen ist ein Imagetransfer von einer bereits etablierten Marke auf neue Produkte eine sinnvolle Strategie.[282] Unter bestimmten Voraussetzungen und Bedingungen lässt sich das Image einer Marke auf ein anderes, womöglich völlig andersartiges Produkt übertragen.[283] Idealerweise findet im Rahmen einer Markenerweiterung eine Übertragung positiver Imagekomponenten von einer etablierten Marke auf ein Erweiterungsprodukt statt. Das bedeutet konkret, dass ein Goodwill-Transfer stattfinden soll, durch den die Kaufbereitschaft für das neue Produkt einer Marke gesteigert werden soll.[284] Jedoch kann ein Transfereffekt auch bilateraler Natur sein, sprich es können auch Transfereffekte von dem Erweiterungsprodukt auf die Stamm-Marke erfolgen (vgl. *Abbildung 8*).[285] Eine positive Rückwirkung kann somit auch zu einer Stärkung des Images der Stamm-Marke beitragen.[286] Diese Wirkungsbeziehung setzt aber auch voraus, dass der Konsument zwischen der etablierten Marke und dem Erweiterungsprodukt einen imagemäßigen Zusammenhang wahrnimmt beziehungsweise herstellen kann.[287]

In der Literatur ist die Grenze zwischen Image und Einstellung nicht eindeutig definiert. Häufig werden diese Begriffe auch synonym verwendet.[288] Begründet wird diese Gleichsetzung damit, dass das Image in etwa die gleichen Merkmale besitzt wie das Konstrukt der Einstellung.[289] Andere Vertreter trennen die beiden Konstrukte strikt voneinander, wobei Image und Einstellung als Extrempunkte auf einem Kontinuum gesehen werden. So bildet das Image den konnotativen und die Einstellung den denotativen Pol. Wenn ein Individuum die zu beurteilenden Produkte nicht voneinander unterscheiden kann, kommt das Imagemodell zum Einsatz. Das Einstellungsmodell wird verwendet, wenn ein Individuum die Alternativen anhand

---

280 Vgl. Dobni/Zinkhan (1990), S. 110.
281 Vgl. Aaker (1992), S. 135.
282 Vgl. Mayerhofer (1995), S. 293.
283 Vgl. Trommsdorff (2004), S. 166.
284 Vgl. Kloss (2007), S. 138.
285 Vgl. Volkmann/Tarlatt/Steinbiß (2007), S. 15.
286 Vgl. Kapitel 2.2.3.
287 Vgl. Esch et al. (2005), S. 912 f.
288 Vgl. Glogger (1999), S. 53.
289 Vgl. Kroeber-Riel/Weinberg (2003), S. 198.

objektiver Eigenschaften differenzieren kann.[290] Ein anderer Ansatz weist dem Image sowohl denotative als auch konnotative Eigenschaften zu.[291] In diesem Ansatz werden die beiden Konstrukte Image und Einstellungen hinsichtlich ihrer Dimensionalität unterschieden. Demzufolge wird das Image als mehrdimensionales, mit subjektiven Wertungen versehenes, komplexes psychisches Konstrukt betrachtet und die Einstellung fasst die einzelnen Dimensionen des Images zu einer eindimensionalen Größe zusammen.[292]

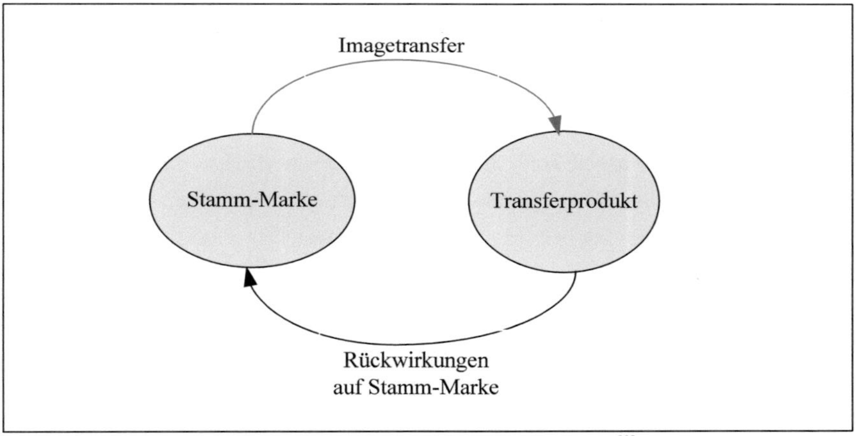

Abbildung 8: Imagetransfer von der Stamm-Marke auf das Transferprodukt[293]

Nach *Trommsdorff* (1976) kann das Image als „mehrdimensionale und ganzheitliche Grundlage der Einstellung einer Zielgruppe zum Gegenstand" aufgefasst werden.[294] Das Image übt folglich einen signifikanten Einfluss auf die Einstellung aus. Das bedeutet, dass die Bildung der Einstellung gegenüber einer Marke beziehungsweise einem Produkt aus dessen wahrgenommenen Image resultiert.[295] Das Markenimage kann also als das Ergebnis der individuellen, subjektiven Wahrnehmung und Dekodierung aller von dem Nutzenbündel Marke ausgehenden Signale verstanden werden.[296] Daraus folgt, dass das Markenimage die Markenassoziationen der Konsumenten widerspiegelt. Entsprechend basiert ein positives Markenimage auf

[290] Vgl. Schweiger/Schrattenecker (2005), S. 25 f.; Drengner (2006), S. 78.
[291] Vgl. Hätty (1989), S. 90 ff.
[292] Vgl. Trommsdorff (1976), S. 29; Salcher/Hoffelt (1995), S. 129 ff.
[293] In Anlehnung an Esch et al. (2005), S. 713.
[294] Trommsdorff (2004), S. 158.
[295] Vgl. Trommsdorff (2004), S. 159.
[296] Vgl. Esch (2003), S. 364.

starken, positiven, einzigartigen Assoziationen.[297] Das Markenimage ist also ein in der Psyche relevanter externer Zielgruppen fest verankertes, wertendes Vorstellungsbild von einer Marke.[298]

Nach der Theorie der semantischen Generalisierung kann zwischen zwei Objekten mit der gleichen Markierung eine Übertragung des Images und/oder der Einstellung von einem Objekt auf das andere erfolgen, auch wenn die physischen Eigenschaften nicht gleich sind. Ein solcher Transfer hat zur Folge, dass bei Vorliegen eines positiven Muttermarkenimages eine entsprechend positive Einstellung gegenüber dem Transferprodukt resultiert.[299] In der Konsequenz geht man im Allgemeinen davon aus, dass die Erfolgschancen einer Markenerweiterung umso besser sind, je mehr positive Assoziationen und Einstellungen die Konsumenten mit der Stamm-Marke verbinden.[300] Demnach kann folgende Hypothese formuliert werden, die sowohl für Markenlizenzierungs- als auch Co-Branding-Strategien gilt:

H_5:	Je positiver das Markenimage der Muttermarke, desto positiver ist die Einstellung gegenüber der Markenexpansion.

3.2 Herstellungskompetenz als spezieller Erfolgsfaktor der Markenlizenzierung

Als Einflussfaktor, der speziell bei einer Strategie der Markenlizenzierung eine Rolle spielt, soll im Rahmen der vorliegenden Studie die vom Konsumenten wahrgenommene Fähigkeit des Anbieters, die Markenerweiterung herzustellen, untersucht werden. Beispielsweise würde ein Verbraucher die Assoziation mit der Handcreme-Marke *Atrix*, dass diese besondere Pflege und Schutz für die Hände bietet, nur dann auf ein neues Handgeschirrspülmittel dieser Marke übertragen, wenn er der Marke auch zutraut, diese Eigenschaft bei einem Handspülmittel zu realisieren.[301] In diesem Sinne soll unter der wahrgenommenen Herstellungskompetenz des Anbieters das allgemein notwendige Wissen zur Lösung einer Problemstellung verstanden werden.[302] Herstellungskompetenz bezieht sich also auf die Fähigkeit, die ein Hersteller der Stamm-Marke aus Sicht der Konsumenten zur Produktion des Transferproduktes besitzt.[303]

[297] Vgl. Keller (2008), S. 57 f.
[298] Vgl. Esch (2003), S. 364.
[299] Vgl. Baumgarth (2003), S. 203.
[300] Vgl. Esch (2003), S. 294.
[301] Vgl. Günther (2002), S. 109.
[302] Vgl. Günther (2002), S. 110.
[303] Vgl. Aaker/Keller (1990), S. 30.

Weiss (1992) unterscheidet hinsichtlich des Kompetenzbegriffs zum einen die epistemische Kompetenz (Fertigkeiten) und die heuristische Kompetenz (Fähigkeiten).[304] Unter der epistemische Kompetenz versteht man die Fachkompetenz, die erforderlich ist, um nachweisen zu können, dass man Lösungen erfolgreich realisieren kann; das heißt, der Anbieter muss für die Realisierung über entsprechende Mittel verfügen. Die heuristische Kompetenz als Befähigung zur Problemlösung muss gegeben sein, damit der Verbraucher Vertrauen in die realisierte Lösung hat, ohne dass Referenzen vorliegen.[305] Diese Kompetenz bezeichnet also das Wissen um die Art und die Verfahrenweisen, wie man zur der Lösung neuartiger Problemstellungen vorgehen muss.[306] In den bisherigen Leistungen beziehungsweise Produkten der Marke kommt die epistemische Kompetenz zum Ausdruck. Wenn also die Markenerweiterung Ähnlichkeit zu den bisherigen Produkten der Marke aufweist, sei es hinsichtlich der Beschaffenheit oder identischen Produktbestandteilen, können die bisherigen Produkte als Referenz für die epistemische Kompetenz der Stamm-Marke dienen. Weicht die Beschaffenheit der bisherigen Produkte hingegen ab, benötigt die Marke aus Sicht der Verbraucher eine entsprechende heuristische Kompetenz, um die Markenerweiterung in angemessener Qualität fertigen zu können.

Für den Fall, dass die Marke keine epistemische und/oder heuristische Kompetenz nachweisen kann, bleibt dem Verbraucher nur das Vertrauen in eine ausreichende Kompetenz der Stamm-Marke, die neuen Produkte herstellen zu können. Vor allem, wenn sich die Markenerweiterung hinsichtlich ihrer physisch-stofflichen Beschaffenheit stark von der Stamm-Marke unterscheidet, überprüft der Verbraucher sehr kritisch die Fähigkeit, das Produkt herzustellen zu können. Zweifelt der Verbraucher an der Fähigkeit der Stamm-Marke, die Markenerweiterung zu fertigen, wirkt sich dies auf die globale Beurteilung der Markenerweiterung negativ aus.[307]

Eine besondere Form der heuristischen Kompetenz ist der Zukauf von Know-how beziehungsweise von fertigen Produkten oder die Lizenzvergabe der Marke an andere Unternehmen. Im Rahmen einer Markenerweiterung wird die heuristische Kompetenz von den Konsumenten darin gesehen, dass das Unternehmen sich notwendige epistemische Kompetenz entweder zukauft oder die Produktion an andere Unternehmen vergibt.[308] Beim Co-Branding

[304] Vgl. Weiss (1992), S. 61 f.
[305] Vgl. Weiss (1992), S. 61 f.; Backhaus (1995), S. 410.
[306] Vgl. Günther (2002), S. 110.
[307] Vgl. Günther (2002), S. 112.
[308] Vgl. Günther (2002), S. 111.

kooperiert ein Unternehmen im Gegensatz zur Markenlizenzierung für die Konsumenten offen mit einem anderen Hersteller, welcher eine entsprechende Kompetenz besitzen kann. Da bei einer Markenlizenzierung der Hersteller nicht offen kommuniziert wird, ist anzunehmen, dass hier die wahrgenommene Herstellungskompetenz des Markeninhabers selbst Auswirkung auf die Einstellung gegenüber dem neuen Produkt hat.

In der Markentransferforschung wird die Herstellungskompetenz auch als eine Fit-Dimension zwischen der Muttermarke und dem Transferprodukt betrachtet. In allen Studien, ausgenommen einer Studie von *Sunde/Brodie* (1993), wird der Herstellungskompetenz ein Einfluss auf den Markentransfererfolg bescheinigt (vgl. *Tabelle 8*).

Empirische Studien zum Einflussfaktor Herstellungskompetenz	
Hypothese bestätigt	Hypothese nicht bestätigt
Aaker/Keller (1990); Njissen/Hartmann (1994); Bottomley/Doyle (1996); Nijssen/Bucklin (1998); Bottomley/Holden (2001); Zatloukal (2002); Sattler/Völckner (2003); Sattler/Völckner/Zatloukal (2003)	Sunde/Brodie (1993)

Tabelle 8: Überblick empirischer Studien zum Einflussfaktor Herstellungskompetenz[309]

In der vorliegenden Untersuchung soll die Herstellungskompetenz als eigenständiges Konstrukt beziehungsweise Erfolgsfaktor behandelt werden, da diesem Konstrukt im Rahmen einer Markenlizenzierungsstrategie besondere Beachtung geschenkt werden soll. Vor dem Hintergrund der Ausführungen zur Bedeutung der Herstellungskompetenz des Markeninhabers, wenn ein Kooperationspartner nicht offen kommuniziert wird, kann die nachfolgende Hypothese formuliert werden, die es für das erste Untersuchungsmodell zu überprüfen gilt:

H_6: Je höher die wahrgenommene Kompetenz des Anbieters, das Transferprodukt herzustellen, desto positiver ist die Einstellung gegenüber der Markenexpansion.

[309] In Anlehnung an Kröger (2007), S. 31.

3.3 Spezielle Erfolgsfaktoren der Co-Branding Strategie

3.3.1 Markenimage des Kooperationspartners

Im Rahmen einer Co-Branding-Strategie wird das neue Produkt im Gegensatz zur Markenlizenzierung zusätzlich mit der Marke des Kooperationspartners versehen. Der Kooperationspartner wird also offen kommuniziert. Daher ist zu vermuten, dass das Konstrukt Herstellungskompetenz in diesem Fall nicht mehr von Relevanz ist, da dem Konsumenten bei einem Co-Branding kommuniziert wird, dass das Produkt von einem Hersteller mit ausreichend Herstellungskompetenz gefertigt wird. Dafür spielen jedoch andere Größen eine Rolle, die sich aus der offenen Zusammenarbeit zweier Marken ergeben.

Wie bereits in Kapitel 2.3.2 erläutert, kann eine Co-Branding-Strategie zu einem zweiseitigen Imagetransfer auf das neue Produkt führen.[310] Im Rahmen von Markenexpansionen stehen unter anderem Imagetransfereffekte im Mittelpunkt. Wie bei der Markentransferstrategie, in der versucht wird, positive Imagekomponenten der Muttermarke auf das neue Produkt zu transferieren, versucht man auch im Rahmen einer Co-Branding-Strategie, positive Imagekomponenten beider kooperierenden Marken auf die gemeinsame Leistung zu übertragen. Wenn ein Kooperationspartner anstrebt, über die bestehende Positionierung des anderen Partners neue Zielsegmente zu erschließen, kommt es ausschließlich zu einseitig gerichteten Effekten. Idealer ist hingegen, wenn ein zweiseitiger Imagetransfer stattfindet, so dass beide Partner von der Kooperation profitieren. Ein Beispiel für einen Zusammenschluss zwischen zwei starken Marken ist die Kooperation zwischen *Philipps* und *Alessi*. *Philipps* bietet im Rahmen dieser Kooperation unter der Marke *Phillips-Alessi* Elektrohaushaltsgeräte an, deren Technik von *Phillips* stammt und deren Design von *Alessi*. Beide Marken profitieren durch diese Kooperation von dem positiven Image der anderen Marke und erschließen so neue Käuferschichten.[311] Wie bereits in Kapitel 2.4.2 erläutert, fällt die Übertragung von exklusiven Marken leichter, da Prestigemarken unter übergeordneten Kategorien wie beispielsweise Luxus abgespeichert werden. Funktional orientierte Marken werden hingegen tendenziell unter der Produktkategorie abgelegt und sind somit schwieriger zu übertragen.[312]

Im Idealfall kommt es bei einem Co-Branding zu einer Interaktion zwischen drei Elementen, zwischen denen mehrere Wirkungsmechanismen anzunehmen sind. Im Rahmen einer Co-

[310] Vgl. Meffert/Burmann/Koers (2005), S. 206.
[311] Vgl. Spengel (2005), S. 107.
[312] Vgl. Park/Milberg/Lawson (2005), S. 841 sowie ausführlich Kapitel 2.5.2.1.

Branding-Strategie stellt das Co-Brand-Produkt das zentrale Element dar. Ferner sind die beteiligten Marken an sich zu berücksichtigen. In diesem Zusammenhang kann es zu einem Transfer von Bekanntheits- und Imageelementen auf das Co-Brand kommen. Zum anderen können die beteiligten Marken von einem gegenseitigen Bekanntheits- und Imagetransfer profitieren (vgl. *Abbildung 9*).[313] Wie bereits in Kapitel 3.1.6 erläutert, setzt diese Wirkungsbeziehung voraus, dass die Konsumenten zwischen den etablierten Marken und dem Erweiterungsprodukt (Co-Brand) einen imagemäßigen Zusammenhang wahrnehmen.[314]

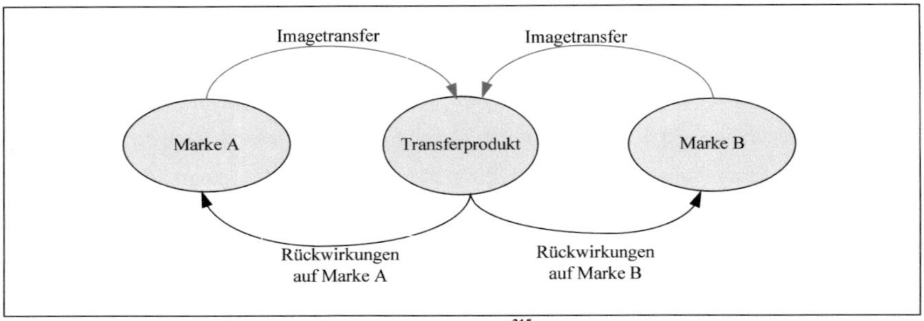

Abbildung 9: Imagetransfer bei der Co-Branding-Strategie[315]

Auf Grundlage der semantischen Generalisierung[316] kann davon ausgegangen werden, dass es zwischen zwei Objekten, welche die gleiche Markierung tragen, zu einer Übertragung des Images von einem auf ein anderes Objekt kommen kann[317] – auch wenn diese abweichende physische Eigenschaften besitzen.[318] Im Rahmen einer Co-Branding-Strategie kommt es also im Idealfall zu einer Übertragung der positiven Images der beiden Marken auf den Co-Brand. Folglich kann angenommen werden, dass aus dieser Übertragung eine positive Einstellung gegenüber dem neuen Produkt resultiert. Auch *Trommsdorff* (2004) betont die Relevanz des wahrgenommenen Images für die Einstellungsbildung. *Trommsdorff* geht davon aus, dass das Image als ganzheitliche Grundlage der Einstellung dient und somit auch einen Einfluss auf die Einstellung hat.[319] Insofern kann für eine Co-Branding-Strategie zusätzlich zu Hypothese 5 folgende Hypothese formuliert werden:

[313] Vgl. Esch/Redler (2006), S. 179.
[314] Vgl. Esch et al. (2005), S. 912 f.
[315] In Anlehnung an Esch/Redler (2006), S. 179.
[316] Vgl. Kapitel 2.5.2.2.
[317] Vgl. Baumgarth (2003), S. 203.
[318] Vgl. Baumgarth (2003), S. 203.
[319] Vgl. Trommsdorff (2004), S. 149 ff.

H_{6a}:	Je positiver das Markenimage des Kooperationspartners, desto positiver ist die Einstellung gegenüber der Markenexpansion.

3.3.2 Markenfit

Die Ausführungen des vorangegangenen Kapitels zeigen, dass im Rahmen einer Co-Branding-Strategie die Images beider Kooperationspartner von Relevanz sind. Anzunehmen ist in diesem Zusammenhang ferner, dass die wahrgenommene Ähnlichkeit zwischen den Images der Kooperationspartner ebenfalls Einfluss auf die Einstellung gegenüber dem Co-Brand hat. In diesem Sinne konstatieren auch *Park/Jun/Shocker* (1996), dass es für eine Markenkooperation wichtig ist, dass die kooperierenden Marken zusammen passen.[320] Wie bereits in Kapitel 3.1.3 erläutert, ist unklar, welche konkreten Dimensionen des mehrdimensionalen Konstruktes Fit existieren und wie die einzelnen Dimensionen auf den Erfolg einer Markenexpansion wirken.[321] Daher soll im Rahmen der vorliegenden Untersuchung eine genauere Analyse potentieller Fit-Dimensionen vorgenommen werden.

Neben den bereits betrachteten Größen Produkt- und Produktkategoriefit finden in das zweite Untersuchungsmodell zur Aufdeckung der Erfolgsfaktoren einer Co-Branding-Strategie zum einen die wahrgenommene Ähnlichkeit der Images (Markenfit) und zum anderen die wahrgenommene Ähnlichkeit der Qualitäten der Kooperationspartner Eingang in die Analyse. Vergleichbar mit der Markentransferforschung stellt der Fit zwischen den beteiligten Marken den bislang am häufigsten untersuchten Einflussfaktor der Co-Brand-Wirkung dar. Alle bisherigen Studien belegen die Wichtigkeit des Fits zwischen den beteiligten Marken für den Erfolg einer Co-Branding-Strategie.[322] Wenn also ein Fit zwischen den kooperierenden Marken von den Konsumenten wahrgenommen wird, wird die Allianz auch positiver bewertet.[323] Allgemein bezeichnet der Fit die subjektive Beurteilung der Beziehung zwischen den beteiligten Marken.[324] In diesem Zusammenhang ist wichtig zu wissen, welche Faktoren den Fit determinieren. Im Rahmen der Co-Branding-Strategie kann zwischen einem Transfer- und einem Partnerfit unterschieden werden.[325] Der Transferfit bezieht sich auf das Verhältnis der Einzelmarken zu der Leistungskategorie der Co-Brand. Der Partnerfit hingegen resultiert aus dem

[320] Vgl. Park/Jun/Shocker (1996), S. 453 ff.
[321] Vgl. Reinstrom (2007), S. 4.
[322] Vgl. Walchi (1996); Park/Jun/Shocker (1996); Baumgarth (2000); Huber (2004a), S. 151 ff.
[323] Vgl. Park/Jun/Shocker (1996), S. 453 ff.
[324] Vgl. Baumgarth (2004), S. 244.
[325] Vgl. Walchi (1996), S. 52; Hadjicharalambous (2001), S. 50 ff.

Verhältnis der beteiligten Marken. Dieser lässt sich wiederum in einen Marken- und Produktfit unterteilen. Der Markenfit bezieht sich dabei auf den Fit der Markenimages der beteiligten Marken.[326] Wie bereits in Kapitel 3.1.3 erläutert, ist anzunehmen, dass bei einer Co-Branding-Strategie der Markenfit für die Konsumenten von höherer Bedeutung für die Beurteilung eines Co-Brand ist als der Produktfit.

Bei Vorliegen eines Marken- und Produktfits erfolgt die Beurteilung anhand einer schemabasierten Einschätzung.[327] Bei einem Co-Branding handelt es sich um die Verbindung von zwei getrennten Markenschemata. Das bedeutet, dass der Konsument bei der Konfrontation mit einem Co-Brand den Fit zwischen den beteiligten Marken einschätzt, indem er überprüft, ob die Schemata der beteiligten Marken zusammenpassen.[328] Im Falle eines geringen Fits erfolgt gemäß *Baumgarth* (2000) eine Verarbeitung in Form attributorientierter Ansätze, wie beispielsweise mittels des Informationsintegrations-ansatzes.[329] Die Grundannahme dieses Ansatzes besteht darin, dass mehrere Informationen zu einem Gesamturteil kombiniert werden. Entweder geschieht dies in der Form, dass die Marken erst einzeln bewertet – und diese Beurteilung dann zu einer integrierten Markenkooperations-Beurteilung zusammengefügt werden – oder die einzelnen Eigenschaften werden integriert bewertet und zu einem Globalurteil zusammengefasst.[330]

Hinsichtlich des Zusammenhangs von Markenfit und Einstellung zum Co-Brand-Produkt konnten *Simonin/Ruth* (1998) einen positiven Zusammenhang feststellen, der sich dadurch erklären lässt, dass eine Einstellungsbildung durch einen hohen Fit erleichtert wird. In diesem Fall sind die beiden Marken konsistent, was die Informationsverarbeitung fördert und kritische Überlegungen zur Zusammenarbeit der beiden Marken minimiert.[331] Insofern lässt sich folgende Hypothese postulieren, die ebenfalls ausschließlich für das zweite Untersuchungsmodell von Relevanz ist:

H_{6b}:	Je höher der Markenfit der Kooperationspartner, desto positiver ist die Einstellung gegenüber der Markenexpansion.

---

326 Vgl. Baumgarth (2004), S. 245.
327 Vgl. Baumgarth (2000), S. 24; Spengel (2005), S. 106 sowie Kapitel 2.5.2.1.
328 Vgl. Baumgarth (2000), S. 13 f.; Spengel (2005), S. 106.
329 Vgl. Baumgarth (2000), S. 17 ff.; Spengel (2005), S. 106.
330 Vgl. Priemer (2000), S. 17 ff. sowie Kapitel 2.5.2.1.
331 Vgl. Simonin/Ruth (1998), S. 33.

3.3.3 Ähnlichkeit der Qualitäten

In Kapitel 3.1.2 wurde postuliert, dass mit zunehmend positiver Qualitätseinschätzung einer Muttermarke die Erfolgswahrscheinlichkeit eines Markentransfers in Form einer positiven Einstellung zur Markenexpansion steigt, da die Konsumenten ihre bisherigen Qualitätsassoziationen hinsichtlich der Muttermarke auf das Transferprodukt übertragen.[332] Im Rahmen einer Co-Branding-Strategie findet eine offene Kommunikation der Kooperationspartner statt, so dass in diesem Fall nicht mehr nur die wahrgenommene Qualität der Produkte der Muttermarke, sondern auch die wahrgenommene Qualität der Produkte des Kooperationspartners von Relevanz ist. Im Idealfall werden beide Marken von den Konsumenten als qualitativ hochwertig eingeschätzt, so dass der Konsument durch das Co-Branding ein zweifaches Qualitätssignal erhält und zu einer positiven Bewertung der Markenexpansion gelangt.[333]

Wie im vorherigen Kapitel beschrieben, müssen die kooperierenden Marken jedoch zusammenpassen, das heißt es muss ein Fit zwischen den Marken bestehen. Aus Sicht des Konsumenten muss folglich die Markenidentität übereinstimmen. Ferner sollten die Qualitätsassoziationen der beiden Marken stimmig erscheinen.[334] Ansonsten kann es zu einer Abwertung des Transferproduktes kommen. Somit kann als weitere Hypothese zu den Erfolgsfaktoren des Co-Branding ein positiver Einfluss wahrgenommenen Ähnlichkeit der Qualitäten der Produkte der kooperierenden Partner angenommen werden:

H_{6c}:	Je höher die wahrgenommene Ähnlichkeit der Qualitäten der Produkte der Kooperationspartner, desto positiver ist die Einstellung gegenüber der Markenexpansion.

3.4 Interdependenzen zwischen den Erfolgsfaktoren

Neben den direkten Einflüssen der potentiellen Erfolgsfaktoren auf die Einstellung hinsichtlich der Markenexpansion existieren auch Beziehungen zwischen den einzelnen Faktoren.[335] Hier erscheint zunächst ein Zusammenhang von Produktfit und Qualitätsbeurteilung der Muttermarke plausibel. Basierend auf den Erkenntnissen der Kategorisierungstheorie argumentiert *Zatloukal* (2002), dass die Übertragung der Qualitätsassoziationen erleichtert wird, wenn zwi-

[332] Vgl. Aaker/Keller (1990), S. 29.
[333] Vgl. Gaiser/Trittler (2005), S. 450.
[334] Vgl. Gaiser/Trittler (2005), S. 457.
[335] Vgl. Völckner (2003), S. 62.

schen der Muttermarke und dem Transferprodukt eine gewisse Ähnlichkeit (Fit) besteht.[336] In diesem Fall liegt ein Interaktionseffekt vor. Die Kategorisierungstheorie besagt, dass Individuen neue Stimuli einer bestimmten kognitiven Kategorie zuordnen und in Verbindung zu dieser beurteilen.[337] Entsprechend dieser Annahme kann auch die Qualitätsbeurteilung einer Muttermarke selbst positiv beeinflusst werden, wenn die Konsumenten eine Ähnlichkeit zwischen der Muttermarke und dem Transferprodukt wahrnehmen. In diesem Fall schließen die Konsumenten aus einem hohen Produktfit von Stamm- und Transferprodukt, dass die Stamm-Marke im Allgemeinen Produkte von einer hohe Qualität herstellt, da sie mit der Einführung eines neuen, passenden Transferproduktes ein konsistentes Verhalten aufweist, was damit in Einklang ist, dass die Produkte auch hochwertiger Qualität sind.

In der *Tabelle 9* sind empirische Untersuchungen aufgeführt, die sich mit der Prüfung des oben erwähnten Interaktionseffekts beschäftigen. Dabei unterscheiden sich die Studien hinsichtlich der jeweils zugrunde gelegten Definition vom Fit. Wie bereits in Kapitel 3.2.3 beschrieben, kann sich die wahrgenommene Ähnlichkeit auf objektive Produkteigenschaften, auf bestehende Komplementaritäts- beziehungsweise Substitutionsbeziehungen zwischen den Produkten, auf die wahrgenommene Herstellungskompetenz oder auf die Markenkonzeptkonsistenz beziehen.[338] Die entsprechenden empirischen Studien sind in *Tabelle 8* zusammengetragen.

Die vorliegende Studie zielt darauf ab, diese Erkenntnisse zu erweitern, indem überprüft wird, ob auch ein direkter Effekt des Produktfits auf die Qualitätseinschätzung besteht, wie anhand obiger Plausibilitätsüberlegungen verdeutlicht. Daher soll für beide Markenexpansionsstrategien folgende Hypothese einer Überprüfung unterzogen werden:

H_7:	Je höher der Produktfit, desto höher ist die wahrgenommene Qualität der Produkte der Muttermarke.

---

336 Vgl. Zatloukal (2002), S. 25.
337 Vgl. Dubé/Schmitt/Bridges (1992), S. 255 ff.; Zatloukal (2002), S. 26.
338 Vgl. Zatloukal (2002), S. 26. Einen umfassenden Überblick über die Ergebnisse der Studien bietet Völckner (2003), S. 63.

Empirische Studien zur moderierenden Wirkung des Produktfits auf den Zusammenhang von Qualitätseinschätzung und Transfererfolg	
Hypothese bestätigt	Hypothese nicht bestätigt
• Globale Ähnlichkeit: Keller/Aaker (1992); Sattler/Völckner/Zatloukal (2003)*; Zatloukal (2002) • Komplementarität: Aaker/Keller (1990); Bottomley/Doyle (1996); Bottomley/Holden (2001)* • Substituierbarkeit: Aaker/Keller (1990); Bottomley/Holden (2001)*; Nijissen/Bucklin (1998) • Herstellungskompetenz: Bottomley/Doyle (1996); Bottomley/Holden (2001)*; Nijssen/Hartmann (1994) • Markenkonzeptkompetenz: Zatloukal (2002)	• Komplementarität: Nijssen/Bucklin (1998); Nijssen/Hartman (1994); Sunde/Brodie (1993) • Substituierbarkeit: Bottomley/Doyle (1996); Nijssen/Hartmann (1994); Sunde/Brodie (1993) • Herstellungskompetenz: Aaker/Keller (1990); Nijissen/Bucklin (1998); Sunde/Brodie (1993)
* Hypothese nur teilweise bestätigt	

Tabelle 9: Überblick empirischer Studien zur moderierenden Wirkung des Produktfits[339]

Wie bereits erläutert, können Stamm-Marken mit prestigeorientierten Assoziationen, unter der Voraussetzung der Relevanz der Stamm-Marken-Assoziationen, in eine für die Stamm-Marken-Kategorie fremde Produktkategorie transferiert werden.[340] *Broniarczyk/Alba* (1994) bestätigen in ihrer Studie als erste den Zusammenhang zwischen der Relevanz der transferierten Assoziationen und dem Fit. Im Zentrum der Analyse steht die moderierende Wirkung der transferierten Assoziationen auf die Beziehung zwischen Fit und Markentransfererfolg. Dabei gehen die Autoren davon aus, dass eine hohe Relevanz der Markenassoziationen den negativen Einfluss eines niedrigen Fits auf den Markentransfererfolg kompensiert.[341] Weitere Studien, die diese Beziehung ebenfalls untersucht haben, sind in *Tabelle 10* aufgeführt.

Erneut kann jedoch auch eine direkte Interdependenz von Relevanz der transferierten Assoziationen und Produktfit gemutmaßt werden. So kann eine hohe Relevanz von transferierten Assoziationen dazu führen, dass der Produktfit unter dem Bias dieser Relevanz positiver beurteilt wird. Da für beide Produkte ähnliche Assoziationen bedeutsam sind, schließt der Konsument daraus auch auf eine hohe Ähnlichkeit dieser Produkte an sich. Ein Unterschied zwischen Co-Branding und Markenlizenzierung ist in diesem Zusammenhang nicht zu erwarten.

339 In Anlehnung an Völckner (2003), S. 63.
340 Vgl. Park/Milberg/Lawson (1991), S. 191f.
341 Vgl. Broniarczyk/Alba (1994), S. 221 ff.

Infolgedessen gilt es für beide Markenexpansionsstrategien folgende Hypothese zu überprüfen gilt:

H_8:	Je höher die Relevanz der von der Muttermarke transferierten Assoziationen in der Transferproduktklasse, desto höher ist der Produktfit.

Empirische Studien zur moderierenden Wirkung der Relevanz der transferierten Assoziationen auf den Zusammenhang von Fit und Transfererfolg	
Hypothese bestätigt	Hypothese nicht bestätigt
Broniarczyk/Alba (1994); Völckner (2003)	Zatloukal (2002)

Tabelle 10: Überblick empirischer Studien zur moderierenden Wirkung der Relevanz der transferierten Assoziationen[342]

3.5 Wirkung der Einstellung gegenüber dem neuen Produkt auf die Kaufabsicht

Wie bereits erläutert, ist das Konstrukt Einstellung für das Marketing aufgrund der hohen Erklärungskraft in Bezug auf das Käuferverhalten von großer Bedeutung.[343] In Kapitel 2.6 wurde zudem umfassend der postulierte Zusammenhang zwischen der Einstellung und der Kaufabsicht erläutert. Demnach wird in der vorliegenden Untersuchung nicht – gemäß der Einstellungs-Verhaltens-Hypothese (E-V-Hypothese) – davon ausgegangen, dass die Einstellung einen direkten Einfluss auf das tatsächliche Verhalten hat, sondern dass die Einstellung gegenüber der Markenexpansion auf die Kaufabsicht bezüglich des Transferproduktes wirkt. Theoretisch fundiert wird dieser postulierte Kausalzusammenhang durch *Fishbein/Ajizen* (1975) und *Trommsdorff* (2004), die davon ausgehen, dass die Einstellung die Verhaltensintention determiniert und nicht unmittelbar auf das tatsächliche Verhalten wirkt.[344] Der Verhaltensintention wird also eine Mediatorfunktion zwischen der Einstellung und dem Verhalten zugeschrieben.[345] Im Zusammenhang mit dieser Studie kommt als Verhalten gegenüber der Markenexpansion der Kauf oder Nicht-Kauf in Betracht, weshalb wie erinnerlich die Kaufabsicht als finale Zielgröße der Untersuchung dient. Entsprechend kann für beide Untersuchungsmodelle folgende Hypothese aufgestellt werden:

342 In Anlehnung an Völckner (2003), S. 64.
343 Vgl. Foscht/Swoboda (2007), S. 65.
344 Vgl. Fishbein/Ajizen (1975), S. 16; Trommsdorff (2004), S. 155 sowie Kapitel 2.6.
345 Vgl. Trommsdorff (2004), S. 155.

H_9:	Je positiver die Einstellung gegenüber der Markenexpansion, desto höher ist die Kaufabsicht.

3.6 Moderierende Variablen

3.6.1 Vertrautheit mit der Muttermarke

Häufig lassen sich noch differenziertere Ergebnisse erzielen, wenn die Stichprobe nicht als Ganzes untersucht wird, sondern in Gruppen unterteilt und getrennt voneinander ausgewertet und verglichen wird. Denn oftmals variieren Zusammenhänge in Abhängigkeit von moderierenden Größen.[346] In dieser Studie sollen zwei solche moderierende Größen, nämlich die Vertrautheit mit der Muttermarke und das Produktkategorie-Involvement, eine Überprüfung erfahren.

Die Vertrautheit mit der Muttermarke umfasst die bisherigen Erfahrungen mit der betreffenden Marke. Diese Vertrautheit kann aus den eigenen Erfahrungen (z. B. Kauf und Nutzung des Produktes), Kommunikationskontakten (z. B. Stiftung Warentest, Werbung) und Interaktionen mit anderen Personen oder Verkäufern bestehen. Abzugrenzen ist in diesem Zusammenhang die Expertise, die sich auf die erfolgreiche Durchführung der produktbezogenen Informations- und Entscheidungsprozesse bezieht.[347] Eine hohe Expertise führt zu einem entsprechend geringen kognitiven Aufwand bei Wiederholungen, einer besseren Möglichkeit der Differenzierung, der Identifizierung von relevanten Aspekten, erfolgreichen Interferenzen[348] sowie zu entsprechend höheren Erinnerungswerten.[349] Die Basis für die Expertise bildet die Vertrautheit.

Hinsichtlich des Inhaltes des Wissens kann zwischen der Markenvertrautheit und der Produktvertrautheit unterschieden werden. Aufgrund der Speicherung von Marken beinhaltet die Markenvertrautheit üblicherweise die Produktvertrautheit.[350] Die Markenvertrautheit bezieht sich auf die beteiligten Marken im Rahmen einer Markenexpansion und die Produktvertrautheit auf die Produktkategorie des neuen Produktes. Wobei *Mano/Davis* (1990) davon ausgehen, dass eine hohe Markenvertrautheit mit einer hohen Produktvertrautheit gleichgesetzt

[346] Vgl. Huber et al. (2007), S. 117.
[347] Vgl. Baumgarth (2003), S. 184.
[348] Zur ausführlichen Diskussion der Thematik Interferenzen vgl. Andresen/Nickel (2005), S. 773.
[349] Vgl. Alba/Hutchinson (1987), S. 412 ff.
[350] Vgl. Baumgarth (2003), S. 184.

werden kann.[351] Nach *Baumgarth* (2003) ist anzunehmen, dass sich die Co-Brand-Vertrautheit aus der Markenvertrautheit zu den beteiligten Marken und der Produktvertrautheit mit der Co-Brand-Leistung zusammensetzt.[352] Erklärungsansätze wie der *mere-exposure-Effekt* von *Zajonc* (1968) und der *Frequenz-Effekt* von *Hasher/Zacks* (1984) zeigen, dass zwischen der Markenvertrautheit und der Einstellung ein positiver Zusammenhang besteht, das heißt je höher die Vertrautheit ist, desto positiver fällt auch die Einstellung aus.[353]

Simonin/Ruth (1998) untersuchten in ihrer Studie, die sich als eine der ersten Studien mit den Spill-Over-Effekten (Ausstrahlungseffekten) im Rahmen eines Co-Brandings beschäftigt, den moderierenden Effekt der Markenvertrautheit und konnten Unterschiede in den Modellzusammenhängen aufdecken. [354] In Anlehnung an diese Studie erfolgt auch in der vorliegenden Untersuchung eine Analyse der moderierenden Größe Markenvertrautheit. In diesem Zusammenhang wird folgende Hypothese aufgestellt:

H_{10}:	Die Zusammenhänge des Modells unterscheiden sich in Abhängigkeit von der Markenvertrautheit signifikant voneinander.

3.6.2 Produktkategorie-Involvement

Die zweite moderierende Variable, die in den vorliegenden Untersuchungsmodellen berücksichtigt werden soll, ist das Produktkategorie-Involvement. Im Allgemeinen bezeichnet man mit Involvement das innere Engagement, mit dem sich ein Individuum einem Sachverhalt oder einer Aufgabe widmet.[355] Das Involvement kann als ein Aktivierungsgrad beziehungsweise eine Motivation zur objektgerichteten Informationssuche, -aufnahme, -verarbeitung und -speicherung angesehen werden kann.[356] Das Involvement hat demnach weitreichende Auswirkungen auf den Ablauf von Kaufentscheidungsprozessen, insbesondere hinsichtlich der Intensität der damit verbundenen kognitiven Anstrengungen in Bezug auf die Aufnahme und Verarbeitung einer Information.[357]

---

[351] Vgl. Mano/Davis (1990), S. 276 f.
[352] Vgl. Baumgarth (2003), S. 185.
[353] Vgl. Zajonc (1968), S. 1 ff; Hasher/Zacks (1984), S. 1372 ff.; Laroche/Kim/Zhou (1996), S. 115 ff.
[354] Vgl. Simonin/Ruth (1998).
[355] Vgl. Foscht/Swoboda (2007), S. 122.
[356] Vgl. Trommsdorff (2004), S. 56.
[357] Vgl. Deimel (1989), S. 155; Kuß/Tomczak (2004), S. 64.

Das Involvement-Konstrukt dient ferner der Kategorisierung von Kaufentscheidungsprozessen in High- und Low-Involvement-Käufe.[358] High-Involvement-Käufe stehen in enger Verbindung zu der individuellen Persönlichkeit und Selbsteinschätzung. Diese Käufe werden von den Konsumenten als sehr wichtig eingestuft, da sie ein gewisses finanzielles, soziales, psychologisches und gesundheitliches Risiko bergen, so dass die Konsumenten in komplexen Entscheidungsprozessen viel Zeit und Energie für die Produktauswahl verwenden. Low-Involvement-Käufe hingegen sind für den Konsumenten weniger wichtig, da sie mit geringem Risiko verbunden und durch verfestigte Verhaltensmuster bestimmt sind.[359]

Demnach spiegelt der Umfang des Produktinvolvements[360] in der Transferkategorie das vom Konsumenten empfundene Risiko wider, ein Produkt aus der Transferkategorie zu erwerben.[361] Aus diesem Grund werden sich hoch involvierte Konsumenten vor dem Kauf möglichst umfassend über die in der Produktkategorie verfügbaren Produkte informieren.[362] Ist das Involvement der Konsumenten hinsichtlich der Transferproduktkategorie jedoch gering, so wird eine Kaufentscheidung häufig allein auf Basis von transferierten Markenassoziationen erfolgen. Bei Vorliegen eines hohen Produktinvolvements verringert sich der Einfluss solcher Markenassoziationen auf die Kaufentscheidung.[363] Dies liegt daran, dass Konsumenten die hoch involviert sind, ihre Kaufentscheidung meist auf Basis einer höheren Anzahl von Informationen treffen als gering involvierte Konsumenten.[364] Der Einfluss von Schlüsselinformationen im Kaufentscheidungsprozeß verringert sich demnach mit steigendem Produktkategorie-Involvement.[365]

In diesem Zusammenhang offenbart sich die Verbindung zwischen Involvement und der Schema-Theorie.[366] Die Stärke und der Umfang der verfügbaren Schemastrukturen werden durch das Produkt- und Markeninvolvement beeinflusst. Dabei verfügen hoch involvierte Konsumenten über ausgeprägte Marken- und Produktschemata – und gering involvierte Kon-

[358] Vgl. Kroeber-Riel/Weinberg (2003), S. 92 f.
[359] Vgl. Meffert/Burmann/Kirchgeorg (2008), S. 109 f.
[360] In marketingrelevanten Bereichen ist neben dem Produktinvolvement das personenspezifische Involvement, das Medien-, Botschafts- und Situationsinvolvement zu unterscheiden, vgl. Diller (2001), S. 713 f.
[361] Vgl. Aaker/Keller (1990), S. 40.
[362] Vgl. Kroeber-Riel/Weinberg (2003), S. 370 ff.; Kaufmann (2007), S. 91 f.
[363] Vgl. Nijssen/Bucklin (1998), S. 1; Zatloukal (2002), S. 56.
[364] Vgl. Kroeber-Riel/Weinberg (2003), S. 248 f.
[365] Vgl. Zatloukal (2002), S. 56.
[366] Vgl. Esch (1999), S. 115.

sumenten entsprechend über weniger differenzierte Marken- und Produktschemata.[367] Bei einem geringen Involvement läuft daher der Verarbeitungsprozess bei der Beurteilung der Markenerweiterung sehr oberflächlich ab. Das heißt, die Transferfähigkeit wird nur anhand hervorstechender Markenschemattribute beurteilt.[368]

Vor diesem Hintergrund soll in der vorliegenden Untersuchung der moderierende Effekt des Produktkategorie-Involvements auf die Zusammenhänge zwischen Erfolgsfaktoren und Einstellung zum Transferprodukt sowie der Kaufabsicht analysiert werden. Daher lässt sich als letzte Hypothese folgender Effekt postulieren, denn es für beide Untersuchungsmodelle zu überprüfen gilt:

H_{11}:	Die Zusammenhänge des Modells unterscheiden sich in Abhängigkeit vom Produktkategorie-Involvement signifikant voneinander.

3.7 Zusammenfassende Darstellung des Hypothesensystems und der Strukturmodelle

Die auf Basis der postulierten Zusammenhänge entwickelten Modelle bilden die Grundlage für die in Kapitel 4 folgende empirische Studie. Wie bereits erwähnt, besteht das Ziel dieser Studie darin, potenzielle Einflussfaktoren für eine erfolgreiche Markenexpansion zu evaluieren. Zu diesem Zweck wurden zwei Modelle aufgestellt, wobei das erste Modell, wie bereits in Kapitel 3.1.1 erläutert, eine Markenlizenzierungsstrategie und das zweite Modell eine Co-Branding-Strategie unterstellt. Die postulierten Hypothesen beziehungsweise Ursache-Wirkungszusammenhänge sind in der nachfolgenden *Tabelle 11* zusammengetragen. In den *Abbildungen 10* und *11* sind die postulierten Hypothesen graphisch dargestellt.

367 Vgl. Esch (2005), S. 140.
368 Vgl. Mahnik/Mayerhofer (2006), S. 50.

Postulierte Ursache-Wirkungszusammenhänge	
H_1	Je höher die wahrgenommene Qualität der Produkte der Muttermarke ist, desto positiver ist die Einstellung gegenüber der Markenexpansion.
H_2	Je höher der wahrgenommene Produktfit, desto positiver ist die Einstellung gegenüber der Markenexpansion.
H_3	Je höher der Produktkategorie-Fit, desto positiver ist die Einstellung gegenüber der Markenexpansion.
H_4	Je höher die Relevanz der von der Muttermarke transferierten Assoziationen in der Transferproduktklasse, desto positiver ist die Einstellung gegenüber der Markenexpansion.
H_5	Je positiver das Markenimage der Muttermarke, desto positiver ist die Einstellung gegenüber der Markenexpansion.
H_6 *(Modell 1)*	Je höher die wahrgenommene Kompetenz des Anbieters, das Transferprodukt herzustellen, desto positiver ist die Einstellung gegenüber der Markenexpansion.
H_{6a} *(Modell 2)*	Je positiver das Markenimage des Kooperationspartners, desto positiver ist die Einstellung gegenüber der Markenexpansion.
H_{6b} *(Modell 2)*	Je höher der Markenfit der Kooperationspartner, desto positiver ist die Einstellung gegenüber der Markenexpansion.
H_{6c} *(Modell 2)*	Je höher die wahrgenommene Ähnlichkeit der Qualitäten der Produkte der Kooperationspartner, desto positiver ist die Einstellung gegenüber der Markenexpansion.
H_7	Je höher der Produktfit, desto höher ist die wahrgenommene Qualität der Produkte der Muttermarke.
H_8	Je höher die Relevanz der von der Muttermarke transferierten Assoziationen in der Transferproduktklasse, desto höher ist der Produktfit.
H_9	Je positiver die Einstellung gegenüber der Markenexpansion, desto höher ist die Kaufabsicht.
H_{10}	Die Zusammenhänge des Modells unterscheiden sich in Abhängigkeit von der Markenvertrautheit signifikant voneinander.
H_{11}	Die Zusammenhänge des Modells unterscheiden sich in Abhängigkeit vom Produktkategorie-Involvement signifikant voneinander.

Tabelle 11: Überblick über das Hypothesensystem

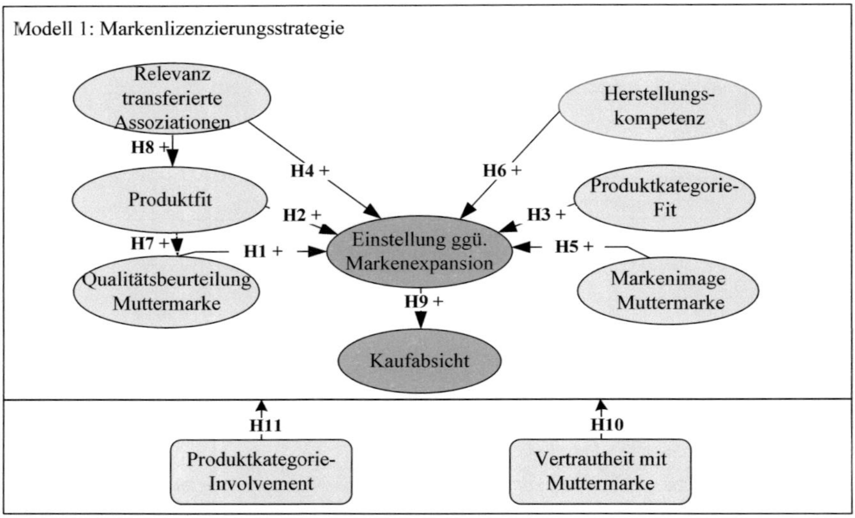

Abbildung 10: Kausalmodell Markenlizenzierungsstrategie

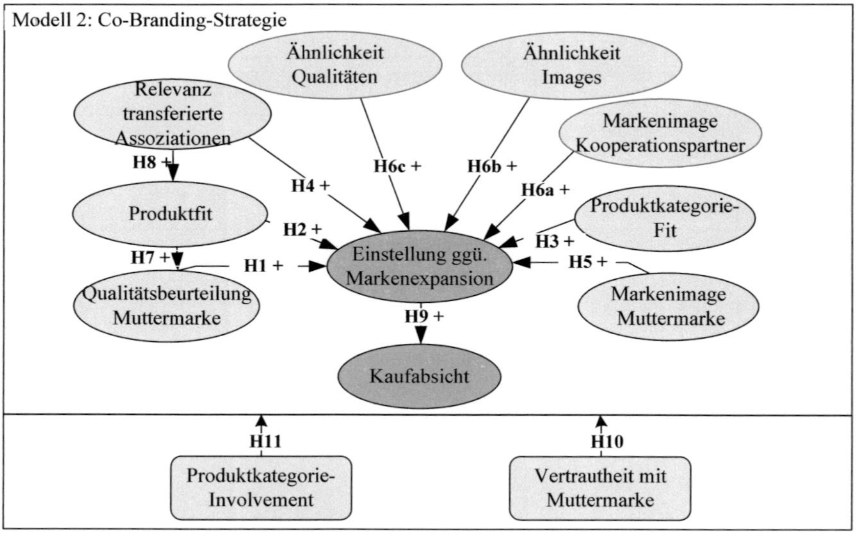

Abbildung 11: Kausalmodell Co-Branding-Strategie

4 EMPIRISCHE ÜBERPRÜFUNG DER MODELLE AM BEISPIEL DER MARKEN ESPRIT UND IKEA

4.1 Auswahl einer geeigneten Forschungsmethode

4.1.1 Grundlagen von Strukturgleichungsmodellen

Das Ziel der vorliegenden Studie ist die Überprüfung der in Kapitel 3 aufgestellten Hypothesen über die Ursache-Wirkungszusammenhänge zwischen den Konstrukten. Da die aufgestellten Modelle eine Vielzahl von Konstrukten innerhalb eines komplexen Beziehungsgeflechts aufweisen, ist ein Analyseverfahren zu wählen, welches diesen Anforderungen gerecht wird. Mittels einer empirischen Untersuchung kann festgestellt werden, ob die entwickelten Modelle die tatsächlichen Zusammenhänge auch in der Realität widerspiegeln.[369]

Die postulierten Hypothesen lassen sich methodisch am besten mit Hilfe von Strukturgleichungsmodellen darstellen und analysieren.[370] Oftmals wird dieser Ansatz auch als Kausalanalyse bezeichnet. Der Begriff der Kausalanalyse ist jedoch nach *Homburg/Hildebrandt* (1998) irreführend, da Strukturgleichungsmodelle ausschließlich Beziehungen zwischen den Konstrukten aufdecken und keine Kausalitäten.[371] In den jüngsten Veröffentlichungen der Markentransferforschung wurde eine Vielzahl von Erfolgsfaktoren im Hinblick auf ihre Erfolgswirkung mittels Strukturgleichungsmodellen untersucht.[372] Strukturgleichungsmodelle ermöglichen dabei eine Überprüfung von Zusammenhängen zwischen latenten, das heißt nicht beobachtbaren Variablen.[373] Unter latenten Variablen versteht man Variablen wie beispielsweise die Einstellung, das Image oder die Kundenzufriedenheit. Diese spielen in der Marketingforschung eine große Rolle. Abhängige, latente Variablen werden in diesem Zusammenhang als endogene Größen und unabhängige latente Variablen, die auf die endogenen Variablen einwirken, als exogene Größen bezeichnet.[374] Da latente Variablen aber nicht beobachtbar sind, besteht die Notwendigkeit, diese mittels (Mess-)Indikatoren zu operationalisieren. Unter einer Operationalisierung versteht man die Zuordnung beobachtbarer, empirisch erfassbarer Indikatoren zu theoretischen Konstrukten (bzw. zu latenten Variablen) sowie die Festlegung der Art der Messung. Dabei stellen die Indikatoren direkt messbare Sachverhalte dar, welche

[369] Vgl. Hildebrandt (1984), S. 41.
[370] Vgl. Fornell/Cha (1994), S. 52; Chin (1998), S. 296 f.; Baumgartner/Homburg (1996), S. 140 f.
[371] Vgl. Homburg/Hildebrandt (1998), S. 17.
[372] Vgl. Reinstrom (2007), S. 89.
[373] Vgl. Backhaus et al. (2003), S. 335.
[374] Vgl. Homburg (1992), S. 501.

die nicht direkt erfassbaren Phänomene anzeigen.[375] Zur exakten und vollständigen Erfassung einer latenten Variablen sollte diese durch eine oder mehrere Indikatoren definiert werden.[376]

Kausalanalytische Strukturgleichungsmodelle bestehen grundsätzlich aus drei Submodellen: dem Strukturmodell sowie dem exogenen und endogenen Messmodell.[377] Dabei umfasst das Strukturmodell die kausalen Abhängigkeiten zwischen den latenten Konstrukten und das exogene beziehungsweise endogene Messmodell gibt die Beziehungen zwischen den manifesten Indikatoren zur Erfassung der exogenen und der endogenen latenten Variablen an.[378] *Abbildung 12* veranschaulicht die Beziehung zwischen den drei Submodellen.

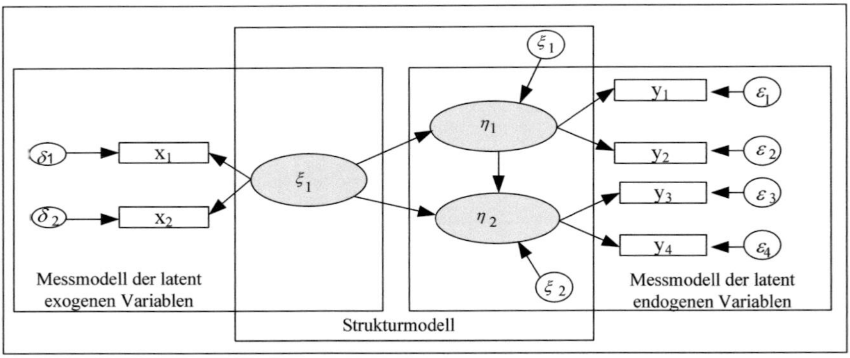

Abbildung 12: Darstellung eines Strukturgleichungsmodells[379]

Zur Beschreibung der Beziehungen von Indikatoren zu den latenten Variablen wird zwischen reflektiven und formativen Indikatoren unterschieden.[380] Durch reflektive Indikatoren wird der Wert eines Konstruktes widergespiegelt.[381] Da reflektive Indikatoren eine Auswahl aus einer Vielzahl an möglichen Indikatoren darstellen, die mit dem Konstrukt in Beziehung stehen, sind diese prinzipiell austauschbar.[382] Die Korrelation zwischen Konstrukt und Indikator ist aufgrund eines zufälligen Messfehlers jedoch kleiner als eins. Da die Indikatoren das Konstrukt abbilden,

[375] Vgl. Vollhardt (2007), S. 125; Kroeber-Riel/Weinberg (2003), S. 29.
[376] Vgl. Vollhardt (2007), S. 125.
[377] Vgl. Homburg/Pflesser (2000), S. 641 ff.; Herrmann/Huber/Kressmann (2006), S. 36.
[378] Vgl. Bollen (1989), S. 13 f.; Herrmann/Huber/Kressmann (2006), S. 36.
[379] In Anlehnung an Backhaus et al. (2003), S. 350.
[380] Vgl. Herrmann/Huber/Kressmann (2006), S. 36; Albers/Hildebrandt (2006); Eberl (2006).
[381] Vgl. Herrmann/Huber/Kressmann (2006), S. 36.
[382] Vgl. DeVellis (1991), S. 55; Giersch (2008), S. 170.

bewirkt eine Änderung des Konstruktes eine Änderung aller reflektiven Indikatoren.[383] Von formativen Indikatoren wird gesprochen, wenn Indikatoren die Ursache der Ausprägung eines latenten Konstruktes sind.[384] Das bedeutet, dass bei Änderung des Wertes eines Indikators sich auch der Wert der latenten Variablen ändert. Die übrigen Indikatoren hingegen können davon ganz unbeeinflusst bleiben.[385] Der aus den Indikatoren resultierende Konstruktwert weicht in diesem Falle von dem wahren Konstruktwert ab, da die ausgewählten Indikatoren nicht alle Facetten messen können.[386] *Lohmüller* (1989) bezeichnet diese Abweichung als „lack of validity".[387] *Abbildung 13* veranschaulicht den Zusammenhang zwischen den Indikatoren und latenten Variablen.

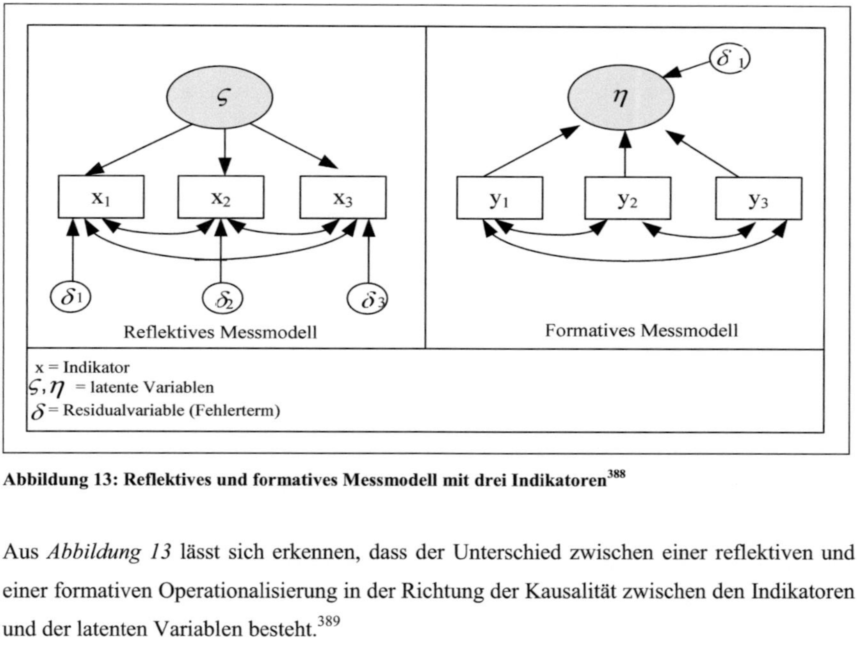

Abbildung 13: Reflektives und formatives Messmodell mit drei Indikatoren[388]

Aus *Abbildung 13* lässt sich erkennen, dass der Unterschied zwischen einer reflektiven und einer formativen Operationalisierung in der Richtung der Kausalität zwischen den Indikatoren und der latenten Variablen besteht.[389]

---

[383] Vgl. Herrmann/Huber/Kressmann (2006), S. 36.
[384] Vgl. McCallum/Browne (1993), S. 533; Homburg/Giering (1998), S. 115; Homburg/Klarmann (2006), S. 730.
[385] Vgl. Diamantopoulos/Winklhofer (2001), S. 271.
[386] Vgl. Hermann/Huber/Kressmann (2006), S. 36.
[387] Vgl. Lohmüller (1989), S. 15.
[388] Eigene Abbildung in Anlehnung an Fassott/Eggert (2005), S. 37 ff.
[389] Vgl. Eggert/Fassott (2003), S. 5.

4.1.2 Zur Wahl des Partial-Least-Squares-Ansatzes zur Modellschätzung

Zur Schätzung von Kausalmodellen mit latenten Variablen existieren zum einen varianzbasierte und zum anderen kovarianzbasierte Verfahren.[390] Hinsichtlich formaler Überlegungen zum Strukturmodell stimmen beide Ansätze überein.[391] Bei kovarianzbasierten Verfahren, die beispielsweise mittels der statistischen Softwareprogrammen LISREL (Linear Structural Relationships) oder AMOS (Analysis of Moment Structures) durchgeführt werden können,[392] erfolgt die Schätzung der Modellparameter, indem diese die empirische Kovarianzmatrix der Indikatoren bestmöglich reproduzieren. Der LISREL-Ansatz zählt in der Praxis zu den bekanntesten Analysemethoden.[393] Für varianzbasierte Strukturgleichungsverfahren hat in den letzten Jahren der von *Wold* entwickelte Partial-Least- Squares (PLS)-Ansatz immer mehr an Bedeutung gewonnen.[394] Das PLS-Verfahren schätzt die Modellparameter blockweise mittels Regressionsanalysen und minimiert so die Varianz der Fehlerterme aller abhängigen Variablen.[395]

Beide Verfahren unterscheiden sich hauptsächlich hinsichtlich der angewandten Schätzmethoden und der anwendbaren Messmodelle für latente exogene Variablen. Durch diese Unterschiede ergeben sich Vor- beziehungsweise Nachteile sowie Voraussetzungen hinsichtlich der Durchführung der jeweiligen Analyse.[396] Varianzbasierte PLS-Verfahren haben zum einen den Vorteil, dass sie in der Lage sind, komplexe Modelle bereits mit kleinen Stichproben zu schätzen.[397] Nach *Chin/Newsted* (1999) sollte die Stichprobe ungefähr zehnmal so groß sein wie die maximal in einem Konstrukt zusammenlaufenden Pfade.[398] Folglich erfordert dies selten einen Stichprobenumfang von über 100. Anders ist dies bei kovarianzbasierten Verfahren wie beispielsweise LISREL; hier soll der Stichprobenumfang mindestens eine Größe von 100 bis 200 aufweisen.[399] Ein weiterer Vorteil varianzbasierter Verfahren besteht darin, dass diese ohne Verteilungsannahmen auskommen.[400] Bei kovarianzbasierten Verfahren muss die Verteilung der Daten hingegen bekannt sein. Bei diesen Verfahren wird zumeist eine Normal-

---

[390] Vgl. Huber et al. (2007), S. 6 ff.
[391] Vgl. Ringle (2004b), S. 9.
[392] Vgl. Huber et al. (2007), S. 10.
[393] Vgl. Ringle (2004a), S. 11.
[394] Vgl. Herrmann/Huber/Kressmann (2006), S. 37.
[395] Vgl. Hulland (1999), S. 202.
[396] Vgl. Ringle (2004a), S. 11.
[397] Vgl. Chin (1998), S. 295; Herrmann/Huber/Kressmann (2006), S. 38 ff.
[398] Vgl. Chin (1998), S. 311; Chin/ Newsted (1999), S. 326 f.
[399] Vgl. Götz/Liehr-Gobbers (2004), S. 3.
[400] Vgl. Fornell/Cha (1994), S. 55.

verteilung der Daten angenommen.[401] Des Weiteren bietet das PLS-Verfahren die Möglichkeit, sowohl reflektive als auch formative Zusammenhänge abzubilden, während LISREL nur reflektive Zusammenhänge berücksichtigt. Formative Zusammenhänge hingegen können nicht oder nur umständlich geschätzt werden.[402]

Diese Unterschiede hinsichtlich der Stichprobengröße und der Verteilungsannahmen wirken sich auf die Beurteilung der Modellgüte aus. Die ganzheitlich statistische Schätzung bei LISREL ermöglicht die Anwendung von inferenzstatistischen Verfahren zur Ermittlung von Fit-Kriterien. Bei PLS hingegen stehen zur Beurteilung der erklärten Varianz lediglich heuristische Verfahren zur Verfügung.[403] Resampling-Methoden - wie das Bootstrapping bei PLS - erlauben jedoch die Beurteilung der geschätzten Parameterwerte sowie der Erstellung einer t-Statistik.[404] Da varianzbasierte Modelle die bestmögliche Nachbildung individueller Daten anstreben und keine Faktorunbestimmtheit aufweisen, weisen sie eine gute Prognosefähigkeit auf. Aufgrund der Unbestimmtheit der Faktorwerte sind mittels kovarianzbasierten Verfahren weniger brauchbare Vorhersagen zu treffen.[405] Die wichtigsten Unterschiede werden in der nachfolgenden *Tabelle 12* dargestellt:

Kriterien	**Varianzbasiertes Strukturgleichungsmodell (z. B. PLS)**	**Kovarianzbasiertes Strukturgleichungsmodell (z. B. LISREL)**
Schätzalgorithmus	mehrere „Kleinste Quadrate“ - Schätzungen	„Maximum Likelihood“ - Schätzung
Stichprobengröße	relativ kleine Stichprobe ist ausreichend	vergleichweise große Stichprobe nötig
Verteilungsannahmen	keine Verteilungsannahmen bezüglich der Daten nötig	Verteilung der Daten muss bekannt sein
Beziehungen zwischen Indikatoren und Konstrukt	formativ und reflektiv	reflektiv; formativ nur bedingt möglich
Beurteilung des Modells	Heuristik (z. B. R^2, t-Werte)	statistische Fit-Maße
Anwendungsfeld	praxisorientiert	theorieorientiert
Zielsetzung	optimale Vorhersage des Zielkonstruktes	optimale Schätzung der Parameter

Tabelle 12: Vergleich zwischen PLS und LISREL[406]

[401] Vgl. Baumgartner/Homburg (1996), S. 148; Panten (2005), S. 224.
[402] Vgl. Eggert/Fassot (2003), S. 17.
[403] Vgl. Hahn (2002), S. 108.
[404] Vgl. Panten (2005), S. 225.
[405] Vgl. Huber et al. (2007), S. 15.
[406] In Anlehnung an Reinstrom (2007), S. 90.

Im Vordergrund der vorliegenden Untersuchung steht die Prognose der Einstellung gegenüber einer Markenexpansion beziehungsweise dessen Kaufabsicht, mit dem Ziel, die unterschiedlichen strategischen Optionen einer Markenexpansion beurteilen zu können. Zur optimalen Vorhersage des Kernkonstruktes eignet sich das praxisorientierte, varianzbasierte PLS-Verfahren besser als das LISREL-Verfahren.[407] Zudem bestehen bei PLS geringere Anforderungen an die Stichprobengröße und die zugrundeliegenden Daten.[408] Ferner spricht für die Anwendung des PLS-Verfahrens, dass in der vorliegenden Untersuchung sowohl reflektive als auch formative Konstrukt-Indikatoren-Beziehungen vorliegen.[409] Aufgrund der genannten Vorteile wird die Schätzung der Strukturgleichungsmodelle mittels des PLS-Verfahrens durchgeführt.

4.1.3 Schätzung von Strukturgleichungsmodellen mittels PLS

Wie bereits erwähnt handelt es sich bei PLS um ein varianzbasiertes Verfahren, welches eine bestmögliche Reproduktion der tatsächlichen Datenstruktur anstrebt.[410] Das Ziel der PLS-Schätzung ist dabei die Minimierung der Varianz der Fehlerterme aller abhängigen Variablen im formativen und reflektiven Mess- sowie Strukturmodell.[411] Der PLS-Algorithmus nutzt zur Bestimmung der Schätzparameter als Hilfsvariablen sogenannte Gewichte. Diese Gewichte werden in Abhängigkeit von der Art des Messmodells bestimmt.[412] Innerhalb eines iterativen Prozesses werden die Gewichte und Konstruktwerte so angepasst, dass die Konstruktwerte bestmöglich in die Struktur der latenten Variablen und in die Messmodelle passen.[413] Grundsätzlich umfasst der PLS-Algorithmus folgende Schätzungen:

1. Äußere Schätzung: Zu Beginn des Prozesses werden die Erwartungswerte der Indikatorvariablen berechnet. Den Ausgangspunkt für diese Analyse bilden anfangs willkürlich ausgewählte Gewichte. Anschließend erfolgt die Schätzung der Gewichte in den Messmodellen. Handelt es sich um ein reflektives Konstrukt, so sind die Gewichte als einfache Regressionskoeffizienten des Indikators anzusehen, die den Einfluss der latenten auf die manifeste Variable beschreiben.[414]. Bei formativen Konstrukten nutzt PLS hingegen die multiplen Regressi-

[407] Vgl. Albers/Hildebrandt (2006), S. 16 ff.
[408] Vgl. Herrmann/Huber/Kressmann (2006), S. 38 ff.
[409] Vgl. Kapitel 4.3.
[410] Vgl. Wold (1980); Vollhardt (2007), S. 129; Huber et al. (2007), S. 6.
[411] Vgl. Hulland (1999), S. 202
[412] Vgl. Lohmöller (1989), S. 29 f.
[413] Vgl. Fornell/Bookstein (1982), S. 441; Huber et al. (2007), S. 7.
[414] Vgl. Chin/Newsted (1999), S. 319.

onskoeffizienten als Gewichte, die den Einfluss der manifesten auf die zugehörige latente Variable beschreiben.[415]

2. Innere Schätzung: Die in der äußeren Schätzung ermittelten Werte der latenten Variablen dienen als Basis für die innere Schätzung. Auf Basis der exogenen latenten Variablen bestimmt PLS verbesserte Werte für die endogenen latenten Variablen.[416] Diese ermittelten Konstruktwerte dienen dann wiederum als Eingangswerte für eine weitere äußere Schätzung, die neue Gewichte bestimmt.[417]

Diese beiden Schätzungen werden solange wiederholt bis sich hinsichtlich der Gewichte und damit der Konstruktwerte der latenten Variablen keine besonderen Änderungen mehr ergeben, also Konvergenz erreicht ist.[418] Im Anschluss daran erfolgt mittels einer Ordinary-Least-Squares-Regression (OLS-Regression) die Ermittlung der Ladungen zwischen den latenten Variablen und Indikatoren sowie der Pfadkoeffizienten. Danach ermittelt PLS die Mittelwerte für die latenten und die manifesten Variablen sowie die Ortungsparameter.[419]

4.1.4 Gütekriterien auf Messmodellebene

Um Informationen über die Güte der Modellschätzung zu erhalten, bedarf es der Nutzung von Kriterien, welche Aufschluss über die Gültigkeit (Validität) und die Zuverlässigkeit (Reliabilität) der Modellbeziehungen und des Gesamtgefüges geben.[420] Im Folgenden wird zwischen Parametern zur Beurteilung der Güte des Messmodells und zur Beurteilung der Güte des Strukturmodells unterschieden. Auf Ebene des Messmodells ist zudem die Differenzierung zwischen formativen und reflektiven Indikatoren notwendig, da sich deren Gütekriterien unterscheiden.[421]

Zunächst erfolgt eine Darstellung der Gütekriterien auf Messmodellebene. Bei Betrachtung der reflektiven Operationalisierungen ist vor allem die Höhe der Ladungen der einzelnen Indikatoren auf das Konstrukt und deren Signifikanz von Interesse.[422] In der Literatur wird zu-

---

[415] Vgl. Herrmann/Huber/Kressmann (2006), S. 37 f.; Huber et al. (2007), S. 7 f.
[416] Vgl. Chin/Newsted (1999), S. 318; Hermann/Huber/Kressmann (2006), S. 38.
[417] Vgl. Herrmann/Huber/Kressmann (2006), S. 38; Huber et al. (2007), S. 7 f.
[418] Vgl. Lohmöller (1989), S. 29 f.; Cassel/Hackl/Westlund (1999), S. 438; Chin/Newsted (1999), S. 316.
[419] Vgl. Herrmann/Huber/Kressmann (2006), S. 38; Vollhardt (2007), S. 131.
[420] Vgl. Vollhard (2007), S. 131.
[421] Vgl. Huber et al. (2007), S. 17 ff.
[422] Vgl. Hulland (1999), S. 198.

meist ein Mindestwert von 0,7 gefordert. Eine Ladung von mindestens 0,7 impliziert, dass mehr als die Hälfte der Varianz des Indikators auf die latente Variable zurückzuführen ist.[423] Um jedoch eine möglichst gute Operationalisierung zu gewährleisten, erscheint aufgrund der Tendenz der Überschätzung von Ladungen durch PLS ein Wert von 0,8 als eher geeignet.[424] Im formativen Modell ist die Höhe der Ladungen der Indikatoren dagegen irrelevant, da nach *Chin* (1998) formative Indikatoren nicht kovariieren müssen.[425] Stattdessen sind die Gewichte von Bedeutung, die jedoch keinerlei Vorgaben unterliegen.[426]

Die Abschätzung der Signifikanz der Ladungen im reflektiven beziehungsweise der Gewichte im formativen Messmodell erfolgt mittels der jeweiligen t-Werte. In einem reflektiven Messmodell sollten die Ladungen bei einem einseitigen Test auf 5 %-Niveau mindestens einen t-Wert von 1,66 erreichen. Erfüllen die reflektiven Indikatoren dieses Gütekriterium nicht, so sind diese aus dem Modell zu eliminieren.[427] Im formativen Messmodell ist ein zweiseitiger Test durchzuführen, bei dem die Gewichte mindestens einen t-Wert von 1,98 aufweisen sollten. Bei formativen Indikatoren wird von einer Eliminierung abgesehen, da die Indikatoren auf Basis theoretisch-konzeptioneller Überlegungen dem Konstrukt zugeordnet worden sind und die Beseitigung eines Indikators somit zu einer Veränderung der Bedeutung des Konstruktes führen würde.[428] Zur Berechnung der t-Werte dienen in PLS die Prozeduren Bootstrapping und Jackknifing, wobei zur Beurteilung der Schätzgüte das Bootstrapping aufgrund des geringeren Standardfehlers dem Jackknifing vorzuziehen ist.[429]

Für das formative Messmodell – nicht für das reflektive Messmodell – ist eine Überprüfung der Multikollinearität notwendig. Diese Überprüfung wird nicht direkt mittels PLS, sondern mit Hilfe der Statistiksoftware SPSS durchgeführt. Multikollinearität bedeutet, dass ein Regressor sich als lineare Funktion der anderen Regressoren darstellen lässt.[430] Da im formativen Messmodell die Indikatoren unabhängige Dimensionen eines Konstruktes darstellen, sollte möglichst keine Multidimensionalität vorliegen. Denn mit zunehmender Multikollinearität wird die Schätzung immer ungenauer. Zur Aufdeckung von Multikollinearität bietet sich die Be-

423 Vgl. Herrmann/Huber/Kressmann (2006), S. 56.
424 Vgl. Herrmann/Huber/Kressmann (2006), S. 56.
425 Vgl. Chin (1998), S. 306.
426 Vgl. Huber et al. (2007), S. 35.
427 Vgl. Huber et al. (2007), S. 35.
428 Vgl. Jarvis/MacKenzie/Podsakoff (2003), S. 202.
429 Vgl. Efron/Gong (1983), S. 39 f.; Efron/Tibshirani (1993), S. 145 f.; Huber et al. (2007), S. 35.
430 Vgl. Backhaus et al. (2003), S. 33.

trachtung des sogenannten Variance Inflation Factors (VIF) an. Der VIF basiert auf dem Bestimmtheitsmaß R^2, also dem Varianzanteil eines Indikators, der durch die übrigen Konstruktindikatoren erklärt werden kann.[431] Der VIF gibt an, um welchen Faktor die Varianz eines Indikators auf Grund von Multikollinearität vergrößert ist.[432] Zur Berechnung des VIF gilt es, für jeden Indikator eines formativen Konstruktes zu prüfen, ob dieser durch die anderen Faktoren erklärt wird. Es werden also für jedes formatives Konstrukt so viele Regressionsanalysen durchgeführt, wie es Indikatoren aufweist. Nachdem die Bestimmtheitsmaße für jede Regression ermittelt wurden, kann für jede Regression mittels der nachfolgenden Formel der jeweilige VIF ermittelt werden. Ein VIF größer als 10 deutet auf hohe Multikollinearität zwischen den Indikatoren eines Konstruktes hin.[433]

$$VIF = \frac{1}{1 - R^2}$$

Ausschließlich für reflektive Messmodelle sind die Unidimensionalität, Vorhersagevalidität und Konvergenz zu prüfen. Die Überprüfung der Unidimensionalität erfolgt ebenfalls nicht mit Hilfe von PLS Graph, sondern mit SPSS. Die Unidimensionalität fordert eine klare Zuordnung der reflektiven Indikatoren zu ihrem Konstrukt. Das bedeutet, dass Unidimensionalität nur dann vorliegt, wenn alle verwendeten Indikatoren eines Konstruktes auf dieses und kein anderes hoch laden. Um die Ladung der einzelnen Indikatorvariablen auf die verschiedenen Konstrukte überprüfen zu können, muss eine Faktorenanalyse[434] durchgeführt werden.[435] Die Zahl der reflektiven Faktoren sollte bei der Analyse vorgegeben werden, da es sonst zu nicht interpretierbaren Resultaten kommen kann.[436] Zur besseren Interpretierbarkeit wird ferner eine Drehung des n-dimensionalen Koordinatenkreuzes in Form einer Varimax-Rotation vorgenommen.[437] Die Indikatoren eines Konstruktes sollten im Ergebnis hoch korreliert sein, jedoch zu Indikatoren anderer Konstrukte keine Beziehung aufweisen. Die einem Konstrukt zugehörigen Indikatoren sollten einen Wert größer als 0,6 und die Ladung auf andere Konstrukte einen Wert kleiner als 0,1 aufweisen.[438]

---

[431] Vgl. Gujarati (2003), S. 362.
[432] Vgl. Diamantopoulos/Winklhofer (2001), S. 272; Krafft/Götz/Liehr-Gobbers (2005), S. 79.
[433] Vgl. Gujarati (2003), S. 362; Hermann/Huber/Kressmann (2006), S. 56; Huber et al. (2007) S. 39.
[434] Zur näheren Beschreibung der Faktorenanalyse, vgl. Backhaus (2003), S. 259 ff.
[435] Vgl. Huber et al. (2007), S. 93.
[436] Vgl. Bollen (1989), S. 232.
[437] Vgl. Huber et al. (2007), S. 93.
[438] Gerbing/Anderson beschreiben Werte von 0,61 beziehungsweise 0,19 als akzeptabel. Gefen/Straub/Boudreau sprechen ab Werten > 0,7 von Unidimensionalität, vgl. Gerbing/Anderson (1988), S. 188; Gefen/Straub/Bodreau (2000), S. 43.

Zur Beurteilung der Vorhersagevalidität der reflektiven Modellkonstrukte kann *Stone-Geissers* Q^2 herangezogen werden.[439] Die Werte können in PLS im Rahmen einer Blindfolding-Prozedur, welche während der Parameterschätzung systematisch einen Teil der Rohdatenmatrix als fehlend annimmt, ermittelt werden.[440] Der Wert des Q^2 sollte größer Null sein. Ist dies nicht der Fall bedeutet das, dass das betreffende endogene Konstrukt durch die vorgelagerten Größen nicht gut vorhergesagt werden kann.[441]

Ferner ist die Konvergenzvalidität zu analysieren. Hierbei bilden die durchschnittlich erklärte Varianz (DEV)[442] sowie die Konstruktreliabilität respektive Faktorreliabilität[443] zusammen die Konvergenzkriterien für reflektive Konstrukte. Die Konstruktreliabilität ist ein Maß zur Beurteilung dafür, wie gut ein Konstrukt durch die ihm zugehörigen Indikatoren beschrieben wird und sollte Werte größer 0,7 annehmen.[444] Dabei lassen hohe Werte auf eine hohe Qualität der Messung schließen.[445] Die durchschnittlich erfasste Varianz (DEV) stellt fest, wie hoch der durch einen Faktor erklärte Varianzanteil manifester Variablen in Relation zum nicht erklärten Varianzanteil ist. Die DEV sollte dabei einen Wert größer als 0,6 annehmen, da sonst der überwiegende Teil der Varianz auf den Fehlerterm zurückzuführen ist.[446]

Schließlich ist sowohl für reflektive als auch formative Messmodelle die Diskriminanzvalidität zu prüfen. Für deren Ermittlung eignet sich im Falle reflektiver Indikatoren erneut der Wert der durchschnittlich erfassten Varianz (DEV). Diskriminanzvalidität ist dann gegeben, wenn die DEV einer latenten Variablen größer ist als jede quadrierte Korrelation dieser latenten Variablen mit einer anderen latenten Variablen.[447] Das bedeutet, dass die gemeinsame Varianz zwischen der latenten Variablen und ihren Indikatoren größer sein sollte als die gemeinsame Varianz mit anderen latenten Variablen.[448] Diese Bedingung wird als *Fornell-Lacker-Kriterium* bezeichnet. Für formative Messmodelle ist ebenfalls die Diskriminanzvalidität zu prüfen, jedoch nicht anhand des *Fornell-Lacker*-Kriteriums, da die Indikatoren nicht

---

[439] Vgl. Formell/Bookstein (1982), S. 72 f.
[440] Vgl. Huber et al. (2007), S. 37.
[441] Vgl. Hermann/Huber/Kressmann (2006), S. 57; Huber et al. (2007), S. 37.
[442] Im PLS-Datenblatt wird die DEV als AVE („average variance extracted“) ausgewiesen.
[443] Das Kriterium geht auf die Entwicklung der beiden Forscher *Fornell* und *Larcker* zurück, vgl. Fornell/Larcker (1981), S. 45.
[444] Vgl. Chin (1998), S. 320, Ringle (2004b), S. 19.
[445] Vgl. Herrmann/Homburg (2000), S. 649.
[446] Vgl. Krafft/Götz/Liehr-Gobbers (2005), S. 75; Huber et al. (2007), S. 35 f.
[447] Vgl. Fornell/Cha (1994); Krafft/Götz/Liehr-Gobbers (2005), S. 75.
[448] Vgl. Vollhardt (2007), S. 134.

hoch korreliert sein müssen. Das Kriterium lautet hier, dass die Konstruktkorrelation einer Variablen mit den anderen Konstrukten des Modells geringer als 0,9 sein sollte.[449]

In *Tabelle 13* sind die Gütekriterien auf Messmodellebene zusammenfassend dargestellt.

Gütekriterien auf Messmodellebene		
	Reflektiv	**Formativ**
Ladungen	> 0,7 beziehungsweise > 0,8	irrelevant
Gewichte	irrelevant	keine Vorgabe
t-Wert	einseitig > 1,66 (Grundlage: Ladungen)	zweiseitig > 1,98 (Grundlage: Gewichte)
Multikollinearität	nicht möglich	Variance Inflation Factor < 10
Unidimensionalität	- Höhe und Korrelation der Residuen - Kreuzladungen	irrelevant
Vorhersagevalidität	*Stone-Geissers* $Q^2 > 0$	irrelevant
Konvergenz **- DEV** **- Faktorreliabilität**	 > 0,6 > 0,7	irrelevant
Diskriminanzvalidität	*Fornell-Larcker*-Kriterium	Konstrukt-Korrelation < 0,9

Tabelle 13: Gütekriterien auf Messmodellebene[450]

4.1.5 Gütekriterien auf Strukturmodellebene

Ebenso wie das Messmodell ist das Strukturmodell anhand entsprechender Gütekriterien zu überprüfen. Zunächst gilt es dabei, auf Strukturmodellebene die postulierten Modellverbindungen zwischen den latenten Variablen, das heißt die aufgestellten Hypothesen, zu bewerten.[451] Die Pfadkoeffizienten, die den Regressionskoeffizienten einer multiplen Regression entsprechen, geben Hinweise hinsichtlich der Ablehnung oder Beibehaltung von Hypothesen. Die Pfadkoeffizienten zeigen die Stärke und Richtung des Einflusses eines Konstruktes auf das kausal nachfolgende an. Dabei sollten die Pfadkoeffizienten einen Wert von 0,1 überschreiten und das Vorzeichen der Pfadkoeffizienten mit dem vermuteten Kausalzusammenhang übereinstimmen.[452] Zur Abschätzung der Güte des Modells dienen die Höhe der Parameter sowie deren Signifikanz, welche es mittels eines t-Tests zu überprüfen gilt. Da ein zweiseitiger t-Test zugrunde gelegt wird, sollten die t-Werte unter der Annahme eines Signifikanzniveaus von 5 % mindestens einen Wert von 1,98 erreichen. Entsprechend muss bei einem Signifi-

---

[449] Vgl. Herrmann/Huber/Kressmann (2006), S. 61.
[450] In Anlehnung an Herrmann/Huber/Kressmann (2006), S. 62.
[451] Vgl. Huber et al. (2007), S. 104.
[452] Vgl. Lohmöller (1989), S. 60 f.

kanzniveau von 10 % der t-Wert mindestens 1,66 betragen. Werden diese kritischen Grenzen nicht erreicht, so ist die entsprechende Hypothese zu verwerfen.[453]

Ferner sind auf Strukturmodellebene das Bestimmtheitsmaß R^2, die Multikollinearität sowie die Vorhersagevalidität zu überprüfen. Das Bestimmtheitsmaß R^2 gibt an, wie gut die Zielgröße durch die im Modell vorgelagerten Konstrukte erklärt werden kann. Dementsprechend liegt dieser Wert nur für endogene Konstrukte vor. Die erklärte Varianz sollte einen Wert von 0,3 übersteigen.[454] Entsprechend dem Vorgehen auf Messmodellebene gilt es auch auf Strukturmodellebene, mittels einer Regressionsanalyse die Multikollinearität zu überprüfen. In diesem Fall wird aber nicht die Multikollinearität auf Indikatorebene eines formativen Konstruktes untersucht, sondern auf Konstruktebene. Im Mittelpunkt der Analyse stehen dabei die Einflussgrößen eines endogenen Konstruktes. Der zur Analyse der Multikollinearität zu ermittelnde Variance Inflation Factor-Wert sollte (wie schon auf Messmodellebene) einen Wert kleiner als 10 annehmen.[455] Die endogen, reflektiven Modellkonstrukte sind zudem einer Prüfung auf ihre Vorhersagevalidität zu unterziehen. Die Vorhersagevalidität kann ähnlich wie auf Messmodellebene auch auf Strukturmodellebene mittels dem von *Stone/Geisser* vorgeschlagenen Q^2 ermittelt werden, welches Auskunft darüber gibt, wie gut die empirisch erhobenen Werte durch das Modell und seine Parameterschätzungen rekonstruiert werden können.[456] Vorhersagevalidität besitzt ein Konstrukt nach *Hulland* (1999) dann, wenn *Stone-Geissers* Q^2 einen Wert über Null annimmt.[457] In *Tabelle 14* sind die Gütekriterien auf Strukturmodellebene zusammenfassend dargestellt:

Gütekriterien auf Strukturmodellebene	
Strukturparameter	(keine Vorgabe)
t-Wert	zweiseitig > 1,98
R^2	> 0,3
Multikollinearität	Variance Inflation Factor < 10
Vorhersagevalidität (bzgl. endogener reflektiver Konstrukte)	*Stone-Geissers* $Q^2 > 0$

Tabelle 14: Gütekriterien auf Strukturmodellebene[458]

[453] Vgl. Ringle (2004a), S. 15; Krafft/Götz/Liehr-Gobbers (2005), S. 83; Huber et al. (2007), S. 104.
[454] Vgl. Huber et al. (2007), S. 107.
[455] Vgl. Herrmann/Huber/Kressmann (2006), S. 58.
[456] Vgl. Chin (1998), S. 317.
[457] Vgl. Fornell/Cha (1994), S. 73; Hulland (1999), S. 202.
[458] In Anlehnung an Herrmann/Huber/Kressmann (2006), S. 62.

4.2 Konzeption der empirischen Studie

4.2.1 Zur Wahl der Untersuchungsobjekte

Nachdem in Kapitel 3 potenzielle Einflussfaktoren auf die Einstellung gegenüber einer Markenexpansion näher beschrieben und entsprechende Hypothesen abgeleitet wurden und eine Entscheidung hinsichtlich der Forschungsmethode getroffen ist, soll im folgenden Kapitel die im Rahmen dieser Studie durchgeführte empirische Studie näher erläutert werden. Dabei wird auf die Wahl der Untersuchungsobjekte und -methoden eingegangen sowie eine deskriptive Auswertung der Stichprobe vorgenommen. Das Ziel dieser Studie stellt die Identifikation jener Einflussfaktoren dar, welche die Einstellung eines Konsumenten zu einem neuen Produkt in Form einer Markenexpansion beeinflussen. Der strategische Aspekt spielt in dieser Untersuchung eine zentrale Rolle, da ein Vergleich zwischen zwei Optionen der Markenexpansion durchgeführt werden soll.

Wie bereits erläutert, ist die Grundlage dieser Untersuchung die steigende Anzahl an Modemarken, die in den Möbelmarkt expandieren. Diese Expansion erfolgt anhand der Vergabe von Lizenzen an entsprechende Hersteller. Auch die Modekette *Esprit* vergibt entsprechende Lizenzen. Anfangs wurden von *Esprit* nur Lizenzen im Bereich der Heimtextilien vergeben. Mit der Zeit kamen jedoch ganze Wohnwelten hinzu; so gibt es seit dem Jahre 2007 auch Badezimmermöbel der Marke *Esprit*. Die vorliegende Untersuchung bezieht sich daher auf diese Markenexpansion im Bereich der Badmöbel.[459] Jedoch setzt die Beurteilung von Markentransferprodukten die Bekanntheit der Muttermarke voraus. Zu diesem Zweck wurden in einem Pre-Test mittels einer schriftlichen Befragung 30 Personen hinsichtlich der Bekanntheit der Marke *Esprit* befragt. Allen Befragten war die Marke *Esprit* bekannt, so dass diese für die vorliegende Untersuchung als Stamm-Marke gewählt wurde. Zudem wurde die Bekanntheit der Marke *Esprit* am Anfang des Fragebogens der Hauptbefragung abgefragt, wobei auch hier allen Probanden die Marke *Esprit* bekannt war.

Um die beiden strategischen Optionen der Markenexpansion, Markenlizenzierungs- und Co-Branding-Strategie vergleichen zu können, musste ein entsprechender Kooperationspartner im Bereich Möbel gesucht werden. Auch hier musste ein für die Probanden bekannter Möbelhersteller gewählt werden, damit diese den Co-Brand auch entsprechend beurteilen konnten. Der Pre-Test erfasste daher ferner die Bekanntheit der Möbelhersteller beziehungsweise Badmö-

[459] Vgl. o. V. (2008a).

belhersteller *InterLübke*, *Villeroy & Boch* und *Ikea*. Den höchsten Bekanntheitsgrad hatte der Möbelhersteller *Ikea*, so dass die Marke *Ikea* in die vorliegende Untersuchung miteinbezogen wurde.

4.2.2 Auswahl einer geeigneten Datenerhebungsmethode

Für die Überprüfung des Hypothesenmodells können grundsätzlich Methoden der Primärforschung- oder der Sekundärforschung Anwendung finden. Im Rahmen einer Sekundärforschung bedient man sich Daten, die nicht eigens für die Untersuchung erhoben wurden. Das bedeutet, dass man auf Daten zurückgreift, die bereits vorliegen. Bei der Primärforschung hingegen erfolgt die Erhebung, das heißt die Beschaffung, Aufbereitung und Analyse, von neuem Datenmaterial.[460] Da das Ziel der vorliegenden Studie ist, neue Erkenntnisse zu gewinnen, konzentriert sich die Wahl der Datenerhebungsmethode auf den Bereich der Primärforschung. Eine primäre Datenerhebung kann dabei entweder durch eine Befragung oder durch eine Beobachtung erfolgen. Eine Befragung kann schriftlich, mündlich, telefonisch, computergestützt oder mittels einer Online-Befragung durchgeführt werden.[461]

In der vorliegenden Untersuchung kam die Online-Befragung zur Anwendung, da diese viele Vorteile mit sich bringt. Ein zentraler Vorteil besteht in der kostengünstigen und schnellen Möglichkeit, an einen großen Adressatenkreis zu gelangen, ohne einen großen organisatorischen Aufwand betreiben zu müssen. Zudem kann die Anonymität dazu beitragen, dass die Probanden ehrlicher und offener antworten.[462] Ebenso wirkt sich eine online durchgeführte Studie positiv auf die Qualität der Antworten aus, weil die Probanden die Möglichkeit haben, die Beantwortungsgeschwindigkeit selbst zu bestimmen und sich so genügend Zeit für eine adäquate Auskunft zu nehmen.[463] Zudem kann es zu keinen fehlenden Angaben kommen, da das System mit der Befragung nicht fortfährt, sofern ein Feld nicht ausgefüllt wurde. Nachteile, wie die Gefahr einer geringeren Repräsentativität durch zu wenige Teilnehmer oder unsorgfältig beziehungsweise bewusst falsch ausgefüllte Fragebögen, können in Kauf genommen werden, da diese Nachteile auch bei anderen Methoden vorkommen können.[464] Durch

---

[460] Vgl. Hammann/Erichson (2000), S. 75 ff.; Nieschlag/Dichtl/Hörschgen (2002), S. 2 ff.; Kuß/Tomczak (2004), S. 40 f.

[461] Eine ausführliche Darstellung, vgl. Raab/Unger/Unger (2007), S. 111 ff.

[462] Vgl. Bauer/Wölfer (2001), S. 2 ff.

[463] Vgl. Nieschlag/Dichtl/Hörschgen (2002), S. 774.

[464] Vgl. Batinic (2001), S. 119.

die fehlende Kontrollierbarkeit der Messsituation ist allerdings ein möglicher Einfluss Dritter nicht ganz auszuschließen.[465]

4.2.3 Gestaltung und Aufbau des Fragebogens

Die Erhebung der Daten erfolgte durch den Versand eines Links, wobei die Probanden zufällig auf eine der beiden Fragebogenversionen, die jeweils eine der beiden Markenexpansionsstrategien untersuchten, eingeteilt wurden. Die beiden Online-Fragebögen gliederten sich thematisch in fünf Abschnitte. Der erste Fragebogen legte das Szenario zugrunde, dass das Unternehmen *Esprit* mittels einer Markenlizenzierungsstrategie in den Badmöbelmarkt expandiert. Im ersten Fragenblock erfolgte zunächst die Frage nach der Bekanntheit der Marke *Esprit* sowie die Frage danach, wie häufig der Proband Produkte der Marke *Esprit* im letzten Jahr gekauft hat. Im Anschluss daran wurden im zweiten Fragenblock allgemeine Fragen zum Markenimage, der wahrgenommenen Qualität der Produkte der Marke *Esprit* und zur Markenvertrautheit mit Marke *Esprit* gestellt. Im dritten Fragenblock richteten sich die Fragen speziell auf die Markentransferproduktkategorie Badmöbel, wie beispielsweise die wahrgenommene Ähnlichkeit der Produktkategorien. Der Proband wurde vorab darüber informiert, dass *Esprit* jetzt auch Badmöbel mit dem Namen *Esprit home* herstellen würde. Ferner sollte der Proband davon ausgehen, dass er über ausreichend finanzielle Mittel verfügt, um diese Badmöbel auch zu kaufen. Zudem sollten die Probanden eine Einschätzung hinsichtlich der wahrgenommenen Kompetenz von *Esprit* in Bezug auf die Herstellung von Badmöbeln abgeben. Im darauffolgenden vierten Fragenblock wurden die Einstellung und die Kaufabsicht im Hinblick auf das Markentransferprodukt abgefragt. Im Anschluss daran folgten Fragen zu soziodemographischen Merkmalen der Probanden (Geschlecht, Alter, höchster Bildungsabschluss, Beruf).

Im zweiten Fragebogen wurde eingangs ebenfalls die Frage nach der Bekanntheit der Marke *Esprit* gestellt. Wie auch im ersten Fragebogen wurden die Probanden ferner ebenfalls nach der Häufigkeit des Kaufs von Produkten der Marke *Esprit* im letzten Jahr befragt. Außerdem wurde hier die Bekanntheit der Marke *Ikea* abgefragt. Die Fragen zur Marke *Esprit* im zweiten Fragenblock entsprachen denen des ersten Fragebogens. Der dritte Fragenblock unterschied sich darin, dass der Proband darüber informiert wurde, dass die Badmöbel in Kooperation mit dem Möbelhersteller *Ikea* produziert werden und den Namen *Esprit home by Ikea*

---

[465] Vgl. Hammann/Erichson (2000), S. 98.

tragen. Auch in diesem Fragenblock wurden die gleichen Fragen wie im ersten Fragebogen gestellt, jedoch mit dem Unterschied, dass zusätzlich Fragen hinsichtlich des Markenimages des Kooperationspartners *Ikea*, der wahrgenommenen Ähnlichkeit der Images und der Qualitäten der Kooperationspartner gestellt wurden. Die Frage hinsichtlich der Einschätzung der Kompetenz der Marke *Esprit*, auch Badmöbel herzustellen, fiel in diesem Fragebogen weg, da der Hersteller bekannt war. Im vierten Frageblock erfolgte erneut die Erhebung von Einstellung und Kaufabsicht. Im letzten Fragenblock wurden wiederum Fragen zu soziodemographischen Daten der Probanden gestellt. Die nachfolgende *Abbildung 14* gibt einen Überblick über den Aufbau der Fragebögen:

Fragebogen Modell 1 **Markenlizenzierungsstrategie**	**Fragebogen Modell 2** **Co-Branding-Strategie**
I. Eingangsfragen zur Bekanntheit der Marke *Esprit*	**I.** Eingangsfragen zur Bekanntheit der Marken *Esprit* und *Ikea*
II. Allgemeine Befragung zum Markenimage, wahrgenommenen Qualität der Produkte von *Esprit*, Vertrautheit mit der Marke *Esprit*	**II.** Allgemeine Befragung zum Markenimage, wahrgenommenen Qualität der Produkte von *Esprit*, Vertrautheit mit der Marke *Esprit*
III. Spezielle Befragung hinsichtlich der Badmöbel mit dem Namen *Esprit home* und der Produktkategorie	**III.** Spezielle Befragung hinsichtlich der Badmöbel mit dem Namen *Esprit home by Ikea* und der Produktkategorie
IV. Befragung zu Einstellung und Kaufabsicht hinsichtlich Badmöbeln von *Esprit home*	IV. Befragung zu Einstellung und Kaufabsicht hinsichtlich Badmöbeln von *Esprit home by Ikea*
V. Fragen zu soziodemographischen Merkmalen der Probanden	

Abbildung 14: Aufbau des Fragebogens

Um eine hohe Qualität der Daten zu gewährleisten, wurde auf eine möglichst einfache Struktur und eine klare Formulierung der Fragen geachtet.[466] Zudem enthielt der standardisierte Fragebogen geschlossene Fragen, um sowohl den Befragten die Antworten zu erleichtern als auch die anschließende Auswertung der Daten zu vereinfachen.[467] Als geschlossene Fragen kamen sowohl Auswahlfragen als auch Skalenfragen zum Einsatz,[468] wobei der Schwerpunkt auf Skalenfragen in Form von siebenstufigen Likert-Skalen[469] lag. Diese Form der Skalierung bietet für die Probanden ein hinreichendes Antwortspektrum und hat sich als bester Kompromiss zwischen einer hohen Reliabilität (wenig Skalenpunkten) und einer hohen Varianz der

[466] Vgl. Diekmann (2006), S. 410 ff.
[467] Vgl. Diekmann (2006), S. 374.
[468] Vgl. Hammann/Erichson (2000), S. 107.
[469] Es existieren zahlreiche Studien hinsichtlich der zweckmäßigen Anzahl an Skalenpunkten. Die meisten sehen 9 ± 2 Skalenpunkte als sinnvoll, vgl. hierzu Jäpel (1985), S. 151.

Daten (viele Skalenpunkten) erwiesen.[470] Die Endpunkte der Likert-Skalen wurden verbal benannt (1 = „stimme überhaupt nicht zu“ und 7 = „stimme vollkommen zu“ oder 1 = „überhaupt nicht“ und 7 = „sehr gut“). Auswahlfragen kamen hingegen bei den Fragen zu den soziodemographischen Daten (Alter, Geschlecht, Beruf etc.) zur Anwendung.

4.3 Operationalisierung der Modellkonstrukte

4.3.1 Vorgehensweise bei der Operationalisierung der Modellkonstrukte

Zur empirischen Überprüfung der postulierten Zusammenhänge müssen die verwendeten latenten Konstrukte mittels einer Operationalisierung messbar gemacht werden. Die Operationalisierung der theoretischen und hypothetischen Konstrukte erfolgt durch eine Ermittlung von entsprechenden Indikatoren.[471] Diese Indikatoren müssen beobachtbar und direkt messbar sein. In der Literatur wird darauf verwiesen, dass allgemein eine Operationalisierung mit drei oder mehr Indikatoren anzustreben ist.[472] Dabei ist neben der Wahl geeigneter Indikatoren auch die Entscheidung für eine reflektive oder formative Beziehung zwischen Konstrukt und Indikatoren zu treffen.[473] In diesem Zusammenhang sollte auf die richtige Art der Operationalisierung geachtet werden, da es bei Fehlern in der Wahl der Indikator-Konstrukt-Beziehungen zu erheblichen Verzerrungen der Schätzergebnisse kommen kann.[474]

Die Generierung der Indikatoren erfolgte anhand eines sorgfältigen Literaturstudiums. Dabei zeigte sich, dass sich mit der Operationalisierung von reflektiven Konstrukten schon zahlreiche Autoren beschäftigt haben.[475] Hinsichtlich der Operationalierung von formativen Konstrukten liefert die Literatur hingegen nur wenige Hinweise.[476] Beispielsweise wird in einer Studie von *Völckner* (2003) im Rahmen der Markentransferforschung, in der das zu untersuchende Modell mit Hilfe eines Strukturgleichungsmodells analysiert wurde, die Unterscheidung zwischen formativen und reflektiven Operationalisierungen angesprochen, letztlich werden aber nur reflektive Operationalisierungen berücksichtigt.[477] In der

---

470 Vgl. Alreck/Settle (1995), S. 166.
471 Vgl. Homburg/Giering (1998), S. 111 f.
472 Vgl. Bollen (1989), S. 288 ff.
473 Vgl. Herrmann/Huber/Kressmann (2006), S. 36. Zum Thema reflektive und formative Konstrukte vgl. auch Kapitel 4.1.1.
474 Vgl. Huber et al. (2007), S. 17.
475 Vgl. Huber et al. (2007), S. 22.
476 Vgl. Huber et al. (2007), S. 25.
477 Vgl. Völckner (2003), S. 83 f.

vorliegenden Studie wurden grundsätzlich sowohl reflektive als auch formative Konstrukt-Indikator-Beziehungen in Betracht gezogen

4.3.2 Markenimage der Muttermarke

Wie bereits in Kapitel 3.1.6 erörtert, spiegelt das Markenimage die Markenassoziationen der Konsumenten wider. Das heißt, die geäußerten Assoziationen sind nichts anderes als eine verbale Beschreibung des inneren Markenbildes. Das Markenimage ist also ein in der Psyche der relevanten Zielgruppe fest verankertes, wertendes Vorstellungsbild einer Marke.[478] Das bedeutet, dass es sich beim Markenimage um ein mehrdimensionales Konstrukt handelt, welches alle Assoziationen, die ein Konsument mit einer Marke verbindet, beinhaltet.[479] Im Rahmen der vorliegenden Untersuchung galt es deshalb herauszufinden, welche Assoziationen die Konsumenten mit der Muttermarke verbinden und welchen Einfluss diese auf die Einstellung gegenüber der Markenexpansion nehmen.

Hinsichtlich der Operationalisierung des Markenimages besteht in der Literatur jedoch kein Konsens.[480] Zur Messung des Markenimages lassen sich quantitative und qualitative Messverfahren unterscheiden. Zu der bekanntesten Methode der quantitativen Imagemessung zählt die Imagemessung mittels Imageprofilen. Bei diesem Verfahren sollen Probanden anhand einer vorgegebenen Liste von Assoziationen Marken einer bestimmten Kategorie beurteilen. Dieses Verfahren ist zwar einfach und kostengünstig, jedoch lassen sich oft zentrale imageprägende Merkmale nicht klar genug erfassen.[481]

Qualitative Messverfahren hingegen sind durch eine hohe Anzahl an Antwortmöglichkeiten und einen geringeren Strukturierungsgrad gekennzeichnet.[482] Zu den qualitativen Messverfahren zählen unter anderem freie Assoziationstests, in denen Probanden dazu aufgefordert werden, alles hinsichtlich einer Marke zu äußern, was ihnen spontan in den Sinn kommt. Durch eine anschließende Auswertung lassen sich die Dimensionen des Markenimages ermitteln. Um Informationen hinsichtlich der Stärke, Relevanz und Richtung zu erhalten, kann das qualitative durch quantitative Messverfahren ergänzt werden, indem beispielsweise hinsichtlich der Relevanz einer Assoziation der Proband gefragt wird, wie relevant die Markenassozi-

---

478 Vgl. Esch (2003), S. 364.
479 Vgl. Aaker (1991), S. 114 ff.; Low/Lamp (2000), S. 351 ff.
480 Vgl. Dobni/Zinkhan (1990), S. 110.
481 Vgl. Esch (2005), S. 162; Esch/Hermann/Sattler (2008), S. 218; Möll (2007), S. 39.
482 Vgl. Aaker (1991), S. 136 ff.; Chen (2001), S. 439 ff.; Möll (2007), S. 39; Keller (2008), S. 311 ff.

ation X für Produktkategorie Y ist.[483] Freie Assoziationstests haben sich als einfache, aber wirkungsvolle Methode erwiesen.[484] In Anlehnung an eine Studie von *Zatloukal* (2002) wurden daher in der vorliegenden Untersuchung in einem Pre-Test 30 Probanden hinsichtlich ihrer Assoziationen bezüglich der Marke *Esprit* befragt.[485] Die mit der Marke *Esprit* am häufigsten verbundenen Assoziationen waren dabei klassisch, jung, modern und höhere Preisklasse. Jede dieser Assoziationen diente als Indikator für das Konstrukt Markenimage *Esprit*. Um die Stärke des Markenimages beurteilen zu können, mussten die Probanden in der Hauptbefragung bewerten, inwiefern sie die einzelnen Assoziationen mit der Marke *Esprit* verbinden (1 = „überhaupt nicht"; 7 = „sehr gut").

Ob diese Indikatoren das Konstrukt Markenimage adäquat erfassen und als reliabel und valide betrachtet werden können, soll nachfolgend geprüft werden. Die Entscheidung, ob ein reflektiver oder formativer Zusammenhang zwischen dem Konstrukt und den Indikatoren besteht, ist dabei besonders wichtig, um geeignete Gütekriterien auszuwählen. Jeder Indikator des Konstruktes Markenimage identifiziert eine andere Dimension des Konstruktes. Aus diesem Grund stellen die Indikatoren keine austauschbaren Repräsentanten, sondern vielmehr steuernde Stellgrößen des Konstruktes Markenimage dar. Entsprechend bedeutet eine Änderung des Wertes eines Indikators auch eine Änderung des Wertes der latenten Variablen.[486] Somit wird von einem formativen Messmodell für das Konstrukt Markenimage ausgegangen.

Bei einem formativ operationalisierten Konstrukt ist vor allem die Signifikanz der Gewichte der einzelnen Indikatoren von Relevanz. Die t-Werte, die eine Einschätzung der Reliabilität der Regressionskoeffizienten zulassen, sollten bei einem 5 %-igen Signifikanzniveau den Wert von 1,98 überschreiten. In der *Tabelle 15* sind die entsprechenden Werte für die einzelnen Indikatoren dargestellt.

Die Höhe der Gewichte ermöglicht eine Aussage über die Vorhersagevalidität eines Indikators in Bezug auf das Konstrukt.[487] Mit Ausnahme von Indikator 1 weisen die vorliegenden Faktorgewichte eine eher geringe Vorhersagevalidität auf. Ferner überschreitet nur Indikator 1 in beiden Modellen den t-Wert von 1,98; im zweiten Modell zudem noch der Indikator 4. Da

---

[483] Vgl. Möll (2007), S. 40.
[484] Vgl. Keller (1993), S. 13 f.
[485] Vgl. Zatloukal (2002), S. 237.
[486] Vgl. Diamantopoulos/Winklhofer (2001), S. 271.
[487] Vgl. Huber et al. (2007), S. 38.

es sich bei dem Markenimage um ein formatives Messmodell handelt und die vier Indikatoren jeweils einen Teil des Konstruktes repräsentieren, verbleiben die nicht signifikanten Indikatoren jedoch trotzdem im Instrumentarium. Der Grund hierfür ist, dass die formative Operationalisierung keine Indikatorreduktion zulässt, da eine Elimination eine Verfälschung des definitorischen Inhalts des betrachteten Konstruktes zur Folge haben könnte.[488]

	Modell 1		**Modell 2**	
Indikatoren	**Gewicht**	**t-Wert (> 1,98)**	**Gewicht**	**t-Wert (> 1,98)**
Indikator 1: Inwiefern passt Ihrer Meinung nach die Eigenschaft *klassisch* zu der Marke *Esprit*?	0,8192	5,0956	1,0256	5,4370
Indikator 2: Inwiefern passt Ihrer Meinung nach die Eigenschaft *jung* zu der Marke *Esprit*?	0,4235	1,0846	-0,1239	0,2842
Indikator 3: Inwiefern passt Ihrer Meinung nach die Eigenschaft *modern* zu der Marke *Esprit*?	0,2821	0,7242	0,5097	1,4196
Indikator 4: Inwiefern passt Ihrer Meinung nach die Eigenschaft *höhere Preisklasse* zu der Marke *Esprit*?	-0,4237	1,4129	-0,6981	2,1401
(7-stufige Likert-Skala von 1 = „überhaupt nicht“ bis 7 = „sehr gut“)				

Tabelle 15: Indikatoren des formativen Konstruktes Markenimage der Muttermarke

In Kapitel 4.1.4 wurden als weitere Gütekriterien für ein formatives Messmodell die Diskriminanzvalidität und die Multikollinearität genannt. *Tabelle 16* zeigt, dass die Diskriminanzvalidität und Multikollinearität für das formative Messmodell erfüllt werden. Die Diskriminanzvaliditât, die bei formativen Konstrukten der Korrelationsmatrix der Konstruktwerte zu entnehmen ist und einen Wert von 0,9 nicht überschreiten sollte, ist in der vorliegenden Untersuchung in beiden Modellen gegeben. Das Gütekriterium der Multikollinearität wird auf Messmodellebene nur für formative Konstrukte überprüft, da hierdurch überprüft werden soll, dass die einzelnen Indikatoren des Konstruktes unabhängige Dimensionen darstellen. Die untersuchten Indikatoren können dieses Gütekriterium ebenfalls erfüllen, da der kritische Wert des Variance Inflation Factor (VIF) von 10 bei keinem Indikator erreicht wird. Das Messmodell zur Erfassung des Markenimages von *Esprit* kann somit als hinreichend reliabel und valide angesehen werden.

[488] Vgl. Jarvis/MacKenzie/Podsakoff (2003), S. 202.

Gütekriterium	Modell 1	Modell 2
I. Diskriminanzvalidität		
Konstruktkorrelation	alle < 0,9	alle < 0,9
II. Multikollinearität		
Variance Inflation Factor (VIF)	alle < 10	alle < 10

Tabelle 16: Gütekriterien des formativen Konstruktes Markenimage der Muttermarke

4.3.3 Relevanz der transferierten Assoziationen für die Transferproduktkategorie

In der vorliegenden Untersuchung ist nicht nur von Interesse, inwiefern die Assoziationen zu der Marke *Esprit* passen, sondern auch inwieweit diese Eigenschaften nach Einschätzung der Probanden zu der Produktkategorie Badmöbel passen. Analog zu dem Konstrukt Markenimage wurden daher die im Pre-Test ermittelten Assoziationen zur Operationalisierung des Konstruktes Relevanz der transferierten Assoziationen verwendet. In der Konsequenz handelt es sich ebenfalls um ein formatives Konstrukt.

	Modell 1		Modell 2	
Indikatoren	**Gewicht**	**t-Wert (> 1,98)**	**Gewicht**	**t-Wert (> 1,98)**
Indikator 1: Inwiefern passt Ihrer Meinung nach die Eigenschaft *klassisch* zu der Produktkategorie Badmöbel?	0,2304	1,9346	-0,0443	0,2291
Indikator 2: Inwiefern passt Ihrer Meinung nach die Eigenschaft *jung* zu der Produktkategorie Badmöbel?	0,3894	2,5587	0,2933	1,4772
Indikator 3: Inwiefern passt Ihrer Meinung nach die Eigenschaft *modern* zu der Produktkategorie Badmöbel?	0,6629	4,7510	0,9436	5,1302
Indikator 4: Inwiefern passt Ihrer Meinung nach die Eigenschaft *höhere Preisklasse* zu der Produktkategorie Badmöbel?	0,0174	0,1238	-0,2433	1,1216
(7-stufige Likert-Skala von 1 = „überhaupt nicht“ bis 7 = „sehr gut“)				

Tabelle 17: Indikatoren des formativen Konstruktes Relevanz der transferierten Assoziationen

Hinsichtlich der Gütebeurteilung ist zu konstatieren, dass der kritische t-Wert von 1,98 im ersten Modell für die Indikatoren 1 und 4 und im zweiten Modell für die Indikatoren 1, 2 und 4 nicht überschritten wird. Zudem ist die Validität der Indikatorwerte, die durch die Faktorgewichte dargestellt wird, als relativ gering zu erachten. Wie bereits im vorherigen Kapitel erläutert, sind die entsprechenden Indikatoren jedoch aufgrund der formativen Operationalisierung nicht aus dem Modell zu entfernen. Die Faktorgewichte und die t-Werte werden in *Tabelle 17* aufgeführt. Die weiteren Gütekriterien des Konstruktes Relevanz der transferierten

Assoziationen werden hingegen vollkommen erfüllt, wie *Tabelle 18* zu entnehmen ist. Somit zeigt sich auch hier, dass das Messmodell als hinreichend reliabel und valide angesehen werden kann.

Gütekriterium	**Modell 1**	**Modell 2**
I. Diskriminanzvalidität		
Konstruktkorrelation	alle < 0,9	alle < 0,9
II. Multikollinearität		
Variance Inflation Factor	alle < 10	alle < 10

Tabelle 18: Gütekriterien des formativen Konstruktes Relevanz der transferierten Assoziationen

4.3.4 Qualitätsbeurteilung der Muttermarke

Wie bereits in Kapitel 3.1.2 erläutert, stellt die wahrgenommene Qualität der Muttermarke neben dem Fit die am häufigsten analysierte Einflussgröße hinsichtlich der Wahrnehmung und Beurteilung eines Markentransfers dar.[489] In einer Studie von *Zatloukal* (2002) im Rahmen der Markentransferforschung wird die latente Variable Qualität der Muttermarke durch die Frage nach der Einschätzung der Qualität der bisher von der Muttermarke angebotenen Produkte operationalisiert (1 = „sehr niedrig", 7 = „sehr hoch").[490] Da jedoch in der Literatur darauf verwiesen wird, dass allgemein eine Operationalisierung der latenten Variabel Qualität mit drei oder mehr Indikatoren anzustreben ist,[491] wird in der vorliegenden Untersuchung das Konstrukt wahrgenommene Qualität der Produkte der Marke *Esprit* durch vier Indikatoren operationalisiert. Die vier Indikatorvariablen sind dem Messinstrumentarium von *Yoo/Donthu/Lee* (2000) entnommen, welche die Messung der Qualitätswahrnehmung von Produkten über sechs Indikatoren vornahmen.[492] Da zwei der sechs Indikatoren jedoch nicht zu den Produkten der vorliegenden Untersuchung passen, fanden nur vier Indikatorvariablen Eingang in diese Untersuchung. Jeder einzelne Indikator spiegelt das Konstrukt wider und die Kausalität verläuft von Konstrukt in Richtung Indikatorvariablen, so dass es sich um ein reflektives Messmodell handelt. Das bedeutet, dass eine Veränderung des Konstruktwertes auch Auswirkungen auf alle Items hat.

[489] Vgl. Sattler/Völckner/Zatloukal (2002a), S. 25.
[490] Vgl. Zatloukal (2002), S. 238.
[491] Vgl. Bollen (1989), S. 288 ff.
[492] Vgl. Yoo/Donthu/Lee (2000), S. 203.

	Modell 1		Modell 2	
Indikatoren	**Ladung (> 0,8)**	**t-Wert (> 1,66)**	**Ladung (> 0,8)**	**t-Wert (> 1,66)**
Indikator 1: Die Produkte der Marke *Esprit* besitzen eine hohe Qualität.	0,9464	52,8855	0,9430	9,8139
Indikator 2: Die Wahrscheinlichkeit, dass die Produkte der Marke *Esprit* eine hohe Qualität besitzen, ist sehr hoch.	0,9458	40,9642	0,9488	11,2357
Indikator 3: Die Produkte der Marke *Esprit* müssen von guter Qualität sein.	0,8125	13,8489	0,8600	7,8034
Indikator 4: Die Produkte der Marke *Esprit* scheinen eine sehr schlechte Qualität zu besitzen.	eliminiert			
(7-stufige Likert-Skala von „stimme überhaupt nicht zu“ bis „stimme vollkommen zu“)				

Tabelle 19: Indikatoren des reflektiven Konstruktes Qualität der Produkte der Marke Esprit

Im Rahmen der Gütebeurteilung erfüllten alle Indikatoren die Anforderungen an die Faktorladungen und t-Werte (vgl. *Tabelle 19*). Ferner können die geforderten Werte der Konstruktvalidität, der Diskriminanzvalidität und der Vorhersagevalidität für alle vier Indikatorvariablen bestätigt werden. Der vierte Indikator wurde jedoch eliminiert, da dieser den im Rahmen einer konfirmatorischen Faktorenanalyse geforderten Wert von 0,6 nicht erreichte und somit die Anforderung der Unidimensionalität nicht erfüllte. Dieser Indikator konnte also nicht eindeutig dem Konstrukt, welches er messen soll, zugeordnet werden. Die anderen verwendeten Indikatoren zur Operationalisierung dieses Konstruktes sind hingegen geeignet und gehen in die Schätzungen mit ein. Die Gütekriterien sind in *Tabelle 19* und *20* aufgeführt. Insgesamt repräsentiert das aus drei Indikatoren bestehende Messmodell ein geeignetes Inventar zur Operationalisierung des zugrunde liegenden Konstruktes.

Gütekriterien	**Modell 1**	**Modell 2**
I. Konvergenzkriterien		
DEV (> 0,8) Konstruktreliabilität (> 0,7)	0,817 0,930	0,843 0,941
II. Diskriminanzvalidität		
Fornell-Larcker-Kriterium (R_{ij}^2 < DEV)	erfüllt	erfüllt
III. Vorhersagevalidität		
Stone-Geissers Q^2 (> 0)	0,5991	0,6325
IV. Unidimensionalität		
Item 1, 2, 3	erfüllt	erfüllt
Item 4	nicht erfüllt	nicht erfüllt

Tabelle 20: Gütekriterien des reflektiven Konstruktes Qualitätseinschätzung der Muttermarke

4.3.5 Produktfit

Das Konstrukt Produktfit beziehungsweise Ähnlichkeit zwischen der Muttermarke und dem Transferprodukt wurde durch drei Indikatoren operationalisiert, wobei der erste und der dritte Indikator in Anlehnung an die in der Markentransfer- und Co-Branding-Literatur verwendeten Indikatoren zur Messung des Konstruktes Fit formuliert wurden. Konkret erfolgte eine Übernahme von Indikatoren aus dem Messinstrumentarium von *Aaker/Keller* (1990). Auch *Zatloukal* (2002) verwendet diese Items im Rahmen der Markentransferforschung.[493] Der zweite Indikator des hier genutzten Messmodells wurde der Arbeit von *Huber* (2005) zur Messung des Produktfits[494] entnommen.[495] In der Studie von *Huber* wurden ebenfalls die Indikatoren 1 und 3 verwendet.[496]

	Modell 1		Modell 2	
Indikatoren	**Ladung (> 0,8)**	**t-Wert (> 1,66)**	**Ladung (> 0,8)**	**t-Wert (> 1,66)**
Indikator 1: Die bisherigen Produkte der Marke *Esprit* und die neuen Produkte der Produktkategorie Badmöbel ergänzen sich.	0,9227	56,4131	0,9307	82,1023
Indikator 2: Die bisherigen Produkte von der Marke *Esprit* und die neuen Produkte der Produktkategorie Badmöbel sind sich sehr ähnlich.	0,9530	96,7815	0,9069	45,9469
Indikator 3: Die bisherigen Produkte der Marke *Esprit* und die neuen Produkte der Produktkategorie Badmöbel passen gut zusammen.	0,9437	74,9610	0,9233	45,0930
(7-stufige Likert-Skala von 1 = „stimme überhaupt nicht zu“ bis 7 = „stimme vollkommen zu“)				

Tabelle 21: Indikatoren des reflektiven Konstruktes Produktfit

Gütekriterien	Modell 1	Modell 2
I. Konvergenzkriterien		
DEV (> 0,8) Konstruktreliabilität (> 0,7)	0,883 0,958	0,847 0,943
II. Diskriminanzvalidität		
Fornell-Larcker-Kriterium (R_{ij}^2 < DEV)	erfüllt	erfüllt
III. Vorhersagevalidität		
Stone-Geissers Q^2 (> 0)	0,7009	0,6395
IV. Unidimensionalität		
Item 1, 2, 3	erfüllt	erfüllt

Tabelle 22: Gütekriterien des reflektiven Konstruktes Produktfit

[493] Vgl. Aaker/Keller (1990), S. 31; Zatloukal (2002), S. 240.
[494] *Huber* unterscheidet in seiner Studie zwischen dem Produktfit und Markenfit, vgl. Huber (2005), S. 70.
[495] Vgl. Huber (2005), S. 76.
[496] Vgl. Huber (2005), S. 75 f.

4.3.6 Produktkategorie-Fit

Da es sich bei der Transferproduktkategorie Badmöbel um eine andere Produktkategorie als Mode handelt, galt es in der vorliegenden Untersuchung die von den Probanden wahrgenommene Ähnlichkeit zwischen den beiden Produktkategorien zu messen. Die Indikatoren wurden in Anlehnung an die Indikatoren zur Beurteilung des Produktfits aufgestellt. Auch hier handelt es sich folglich um ein reflektives Messmodell. Erneut überschreiten sowohl die Faktorladungen als auch die t-Werte die kritischen Werte (vgl. *Tabelle 23*), weshalb von einer Eliminierung einzelner Indikatoren abgesehen werden kann. Darüber hinaus erfüllt die Operationalisierung des Konstruktes Produktkategorie-Fit die weiteren Gütekriterien (vgl. *Tabelle 24*), so dass von einem geeigneten Messinstrumentarium gesprochen werden kann.

	Modell 1		**Modell 2**	
Indikatoren	**Ladung (> 0,8)**	**t-Wert (> 1,66)**	**Ladung (> 0,8)**	**t-Wert (> 1,66)**
Indikator 1: Die bisherige Produktkategorie der Marke *Esprit* und die neue Produktkategorie Badmöbel ergänzen sich.	0,9479	74,7638	0,9431	84,9563
Indikator 2: Die bisherige Produktkategorie der Marke *Esprit* und die neue Produktkategorie Badmöbel sind sich sehr ähnlich.	0,9193	51,5779	0,9200	54,5548
Indikator 3: Die bisherige Produktkategorie der Marke *Esprit* und die neue Produktkategorie Badmöbel passen gut zusammen.	0,9589	119,0003	0,9323	71,1385
(7-stufige Likert-Skala von 1 = „stimme überhaupt nicht zu“ bis 7 = „stimme vollkommen zu“)				

Tabelle 23: Indikatoren des reflektiven Messmodell Produktkategorie-Fit

Gütekriterien	**Modell 1**	**Modell 2**
I. Konvergenzkriterien		
DEV (> 0,8) Konstruktreliabilität (> 0,7)	0,888 0,960	0,868 0,952
II. Diskriminanzvalidität		
Fornell-Larcker-Kriterium (R_{ij}^2 < DEV)	erfüllt	erfüllt
III. Vorhersagevalidität		
Stone-Geissers Q^2 (> 0)	0,7078	0,6754
IV. Unidimensionalität		
Item 1, 2, 3	erfüllt	erfüllt

Tabelle 24: Gütekriterien des reflektiven Messmodells Produktkategorie-Fit

4.3.7 Herstellungskompetenz

Als nächstes Konstrukt ist die Herstellungskompetenz zu operationalisieren. Die Herstellungskompetenz wird in der Literatur meist als ein Indikator der wahrgenommenen Ähnlichkeit zwischen Muttermarke und Transferprodukt verwendet. In einer Studie von *Aaker/Keller* (1990) werden die Probanden in diesem Zusammenhang gefragt, inwiefern sie dem Hersteller der Muttermarke zutrauen, dass dieser über die zur Herstellung des Transferproduktes notwendigen Anlagen und Fähigkeiten beziehungsweise Kenntnisse verfügt.[497] Auch *Zatloukal* (2002) fragte im Rahmen einer Studie zur Markentransferforschung die Probanden, ob bestimmte Hersteller ihrer Meinung nach über entsprechende Produktionsanlagen und Fachkräfte verfügen, um das Transferprodukt herzustellen.[498] In der vorliegenden Studie soll die Herstellungskompetenz nicht als ein Indikator des Konstruktes Fit, sondern als ein eigenständiges Konstrukt behandelt werden, so dass vor diesem Hintergrund die drei Indikatoren des Konstruktes formuliert wurden. Sowohl bei *Aaker/Keller* als auch bei *Zatloukal* wurde hinsichtlich der Herstellungskompetenz nur jeweils eine Frage formuliert.[499] Um dieses Konstrukt als eigenständiges Konstrukt zu analysieren, wurde aus den Fragestellungen der beiden Studien, drei Indikatoren formuliert, welche der *Tabelle 25* zu entnehmen sind.

	Modell 1	
Indikatoren	**Ladung (> 0,8)**	**t-Wert (> 1,66)**
Indikator 1: Ich denke, dass das Unternehmen *Esprit* in der Lage ist, Badmöbel herzustellen.	0,9760	230,3379
Indikator 2: Ich denke, dass *Esprit* über ausreichend Kenntnisse verfügt, um Badmöbel zu produzieren.	0,9652	127,1801
Indikator 3: *Esprit* verfügt über entsprechende Mittel, um Badmöbel herzustellen.	eliminiert	
(7-stufige Likert-Skala von1 = „stimme überhaupt nicht zu“ bis 7 = „stimme vollkommen zu“)		

Tabelle 25: Indikatoren des reflektiven Messmodells Herstellungskompetenz

Es handelt sich hierbei ebenfalls um ein reflektives Messmodell, da jeder Indikator das Konstrukt widerspiegelt und die Indikatoren somit untereinander austauschbar sind. So galt es, die Erfüllung der Gütekriterien für ein reflektives Messmodell zu überprüfen. Alle drei Indikatoren überschritten die kritischen Werte hinsichtlich der Faktorladungen und t-Werte (vgl. *Ta-*

[497] Vgl. Aaker/Keller (1990), S. 31.
[498] Vgl. Zatloukal (2002), S. 238.
[499] Vgl. Aaker/Keller (1990), S. 31; Zatloukal (2002), S. 238.

belle 25). Auch die Gütekriterien Konvergenz, Diskriminanzvalidität, Vorhersagevalidität fanden Bestätigung. Das Kriterium der Unidimensionalität erfüllte der dritte Indikator nicht, so dass dieser aus dem Messmodell entfernt werden musste (vgl. *Tabelle 26*).

Gütekriterien	**Modell 1**
Konvergenzkriterien	
DEV (> 0,8) Konstruktreliabilität (> 0,7)	0,942 0,970
Diskriminanzvalidität	
Fornell-Larcker-Kriterium (R_{ij}^2 < DEV)	erfüllt
Vorhersagevalidität	
Stone-Geissers Q^2 (> 0)	0,6415
Unidimensionalität	
Item 1, 2	erfüllt
Item 3	nicht erfüllt

Tabelle 26: Gütekriterien des reflektiven Messmodells Herstellungskompetenz

4.3.8 Einstellung zum Transferprodukt

Hinsichtlich der Operationalisierung des Einstellungskonstruktes existieren in der Literatur verschiedene Meinungen.[500] Die einen Forscher erachten die Operationalisierung der Einstellung mittels Statements über den Meinungsgegenstand als sinnvoll.[501] Andere plädieren wiederum für eine getrennte Operationalisierung der kognitiven und der affektiven Komponenten der Einstellung.[502] Des Weiteren findet in der Einstellungsforschung häufig das von *Osgood/Suci/Tannenbaum* (1957) entwickelte Semantische Differenzial Anwendung, bei dem die Probanden anhand bipolarer Skalen ein Einstellungsobjekt mittels gegensätzlicher Adjektivpaare beurteilen sollen.[503] Viele Studien greifen dabei auf die von *Osgood/Suci/Tannenbaum* verwendeten Eigenschaftspaare wie „bad-good“, „unfavorable-favorable“ und „negative-positive“ zurück,[504] zum Beispiel die Studien von *Simonin/Ruth* (1998) und *Lafferty/Goldsmith/Hult* (2004).[505] Im Hinblick auf die vorliegende Untersuchung gehen nur die Indikatoren „bad-good“ und „negative-positive“ in die Untersuchung mit ein, da „unfavorable-favorable“ hinsichtlich Badmöbel nicht sinnvoll erscheint. Anstelle dessen

[500] Vgl. Nieschlag/Dichtl/Hörschgen (2002), S. 687.
[501] Vgl. Stipp/Schiavone (1996); Quester/Thompson (2001).
[502] Vgl. Batra/Stephens (1994), S. 204.
[503] Vgl. Osgood/Suci/Tannenbaum (1957); Regier (2007), S. 111.
[504] Vgl. Osgood/Suci/Tannenbaum (1957).
[505] Vgl. Simonin/Ruth (1998), S. 35; Lafferty/Goldsmith/Hult (2004), S. 518.

erfolgt in Anlehnung an eine Studie von *Shamdasani/Stanaland/Tan* (2001) die Aufnahme des Indikators „unattractive-attractive“, welcher unter anderem zur Operationalisierung der Einstellung gegenüber einer Marke diente.[506]

Im ersten Untersuchungsmodell der vorliegenden Studie wurde die Einstellung gegenüber der Markenexpansion mit dem Namen *Esprit home* und im zweiten Modell die Einstellung gegenüber der Markenexpansion mit dem Namen *Esprit home by Ikea* erhoben. Da jeder einzelne Indikator das Konstrukt Einstellung gegenüber der Markenexpansion repräsentiert, liegt zwischen dem Konstrukt und seinen Indikatoren ein reflektiver Zusammenhang vor. Um die Indikatoren hinsichtlich ihrer Verwendung für die vorliegende Studie bewerten zu können, wurden die für reflektive Messmodelle erforderlichen Gütekriterien überprüft. Die geschätzten Faktorladungen und t-Werte übersteigen in beiden Modellen die erforderlichen kritischen Werte, so dass eine Eliminierung einzelner Indikatoren nicht nötig ist. In *Tabelle 27* sind die entsprechenden Indikatoren und die einzelnen Werte aufgeführt. Ferner weisen die weiteren Gütekriterien für reflektive Messmodelle allesamt gute Ergebnisse auf, das heißt sie überschreiten die kritischen Werte deutlich, wie *Tabelle 28* zu entnehmen ist. Zusammenfassend kann man feststellen, dass sich die gewählten Indikatoren als ein adäquates Messinstrumentarium für die Einstellung gegenüber einem Transferprodukt eignen.

Indikatoren	**Ladung (> 0,8)**	**t-Wert (> 1,66)**
Modell 1		
Indikator 1: Die Badmöbel von *Esprit home* finde ich gut.	0,9642	117,6862
Indikator 2: Die Badmöbel von *Esprit home* finde ich ansprechend.	0,9653	160,1768
Indikator 3: Die Badmöbel von *Esprit home* finde ich positiv.	0,9484	84,0757
Modell 2		
Indikator 1: Die Badmöbel von *Esprit home* by *Ikea* finde ich gut.	0,9704	182,3540
Indikator 2: Die Badmöbel von *Esprit home* by *Ikea* finde ich ansprechend.	0,9636	160,3710
Indikator 3: Die Badmöbel von *Esprit home* by Ikea finde ich positiv.	0,9684	163,3684
(7-stufige Likert-Skala von 1 = „stimme überhaupt nicht zu“ bis 7 =„stimme vollkommen zu“)		

Tabelle 27: Indikatoren des reflektiven Konstruktes Einstellung gegenüber der Markenexpansion

[506] Vgl. Shamdasani/Stanaland/Tan (2001), S. 17.

Gütekriterien	Modell 1	Modell 2
Konvergenzkriterien		
DEV (> 0,8) Konstruktreliabilität (> 0,7)	0,920 0,972	0,936 0,978
Diskriminanzvalidität		
Fornell-Larcker-Kriterium (R_{ij}^2 < DEV)	erfüllt	erfüllt
Vorhersagevalidität		
Stone-Geissers Q^2 (> 0)	0,7638	0,7907
Unidimensionalität		
Item 1, 2, 3	erfüllt	erfüllt

Tabelle 28: Gütekriterien des reflektiven Konstruktes Einstellung gegenüber der Markenexpansion

4.3.9 Kaufabsicht

Oftmals wird die Kaufabsicht in der Marketingforschung über ein einzelnes Item operationalisiert.[507] *Homburg/Dobratz* (1998) empfehlen jedoch, einer latenten Variablen mehrere Indikatoren zuzuordnen, um potenzielle Verzerrungen zu vermeiden.[508] Deshalb kommen drei Indikatoren zur Operationalisierung des Konstruktes Kaufabsicht zur Anwendung. Die Indikatoren stammen aus einer Studie von *Grewal/Monroe/Krishnan* (1998), wobei diese in Anlehnung an eine Studie von *Dodds/Monroe/Grewal* (1991) formuliert wurden. Da in der Studie von *Grewal/Monroe/Krishnan* (1998) eine Abfrage der Kaufabsicht auf einer 7er-Skala mit den verbalen Endpunkten „very low“ und „very high“ erfolgte,[509] wurde in der vorliegenden Untersuchung die Fragestellung an die in dieser Untersuchung verwendete 7er-Skala mit den verbalen Endpunkten „stimme überhaupt nicht zu“ und „stimme vollkommen zu“ angepasst. Zudem fand die Beurteilung der Kaufabsicht ohne Angabe eines Preises statt, um die Urteilsbildung durch diesen nicht zu beeinflussen.[510] Darüber hinaus wurde den Probanden vermittelt, dass sie bei der Beurteilung davon ausgehen sollten, dass sie über ausreichend finanzielle Mittel verfügen, um die Produkte zu kaufen.

Da die latente Variable Kaufabsicht ihre zugeordneten Indikatoren verursacht, liegt ein reflektives Messmodell vor. Unter Zuhilfenahme der bereits erläuterten Gütekriterien gilt es zu prüfen, ob die Indikatoren das Konstrukt adäquat erfassen. Wie die *Tabelle 29* zeigt, überschreiten die Ladungen sowie die t-Werte aller Indikatoren die kritischen Werte, so dass alle im

[507] Vgl. McCarthy/Norris (1999), S. 267 ff.
[508] Vgl. Homburg/Dobratz (1998), S. 450; Vogel/Huber (2007), S. 112.
[509] Vgl. Grewal/Monroe/Krishnan (1998), S. 51.
[510] Vgl. Regier (2007), S. 109.

Messinventar verbleiben können. In *Tabelle 29* wird zwischen dem ersten und dem zweiten Modell unterschieden. Im ersten Modell wird die Kaufabsicht hinsichtlich eines Badmöbels von *Esprit home* und im zweiten Modell hinsichtlich eines Badmöbels von *Esprit home by Ikea* erfragt. Die weiteren Gütemaße zur Überprüfung des reflektiven Messmodells weisen insgesamt gute Werte auf und überschreiten die Vorgaben, wie in *Tabelle 30* ersichtlich. Die Konvergenzvalidität, Diskriminanzvalidität und Vorhersagevalidität sind bei allen Indikatoren im ersten und zweiten Modell gewährleistet. Ferner zeigt die Prüfung hinsichtlich der Unidimensionalität, dass alle Indikatoren hoch miteinander korreliert sind und lediglich auf das Konstrukt Kaufabsicht laden. Somit kann man sagen, dass die gewählten Indikatoren ein adäquates Messinstrumentarium bilden.

Indikatoren	**Ladung (> 0,8)**	**t-Wert (> 1,66)**
Modell 1		
Indikator 1: Dass ich mir Badmöbel von *Esprit home* kaufe, halte ich für wahrscheinlich.	0,9023	75,9495
Indikator 2: Badmöbel von *Esprit home* zu kaufen, ist für mich ausgeschlossen.	-0,8110	20,9864
Indikator 3: Ich würde Badmöbel von *Esprit home* kaufen.	0,8810	44,0163
Modell 2		
Indikator 1: Dass ich mir Badmöbel von *Esprit home by Ikea* kaufe, halte ich für wahrscheinlich.	0,9106	51,2247
Indikator 2: Badmöbel von *Esprit home by Ikea* zu kaufen, ist für mich ausgeschlossen.	-0,7835	20,1999
Indikator 3: Ich würde Badmöbel von *Esprit home by Ikea* kaufen.	0,9081	58,8817
(7-stufige Likert-Skala von 1 = „stimme überhaupt nicht zu“ bis 7 = „stimme vollkommen zu“)		

Tabelle 29: Indikatoren des reflektiven Konstruktes Kaufabsicht

Gütekriterien	**Modell 1**	**Modell 2**
Konvergenzkriterien		
DEV (> 0,8) Konstruktreliabilität (> 0,7)	0,749 0,900	0,756 0,902
Diskriminanzvalidität		
Fornell-Larcker-Kriterium (R_{ij}^2 < DEV)	erfüllt	erfüllt
Vorhersagevalidität		
Stone-Geissers Q^2 (> 0)	0,4772	0,4947
Unidimensionalität		
Item 1, 2, 3	erfüllt	erfüllt

Tabelle 30: Gütekriterien des reflektiven Konstruktes Kaufabsicht

4.3.10 Markenimage des Kooperationspartners

Im zweiten Untersuchungsmodell fällt das Konstrukt Herstellungskompetenz weg und wird stattdessen durch die drei Konstrukte Markenimage des Kooperationspartners *Ikea,* Ähnlichkeit der Images und Ähnlichkeit der Qualitäten erweitert. Analog zu der Überprüfung der latenten Variablen Markenimage von *Esprit* erfolgte die Operationalisierung des Konstruktes Markenimage *Ikea.* Auch hier wurden mit Hilfe der im Pre-Tests ermittelten Assoziationen Indikatoren für das Konstrukt Markenimage *Ikea* formuliert. Um auch hier die Stärke der Assoziationen beurteilen zu können, mussten die Probanden, die den Fragebogen zu dem zweiten Untersuchungsmodell erhielten, bewerten, inwiefern sie die einzelnen Assoziationen mit der Marke *Ikea* verbinden (1 = „überhaupt nicht"; 7 = „sehr gut").

	Modell 2	
Indikatoren	**Gewicht**	**t-Wert (> 1,98)**
Indikator 1: Inwiefern passt Ihrer Meinung nach die Eigenschaft *klassisch* zu der Marke *Ikea*?	0,7691	4,9420
Indikator 2: Inwiefern passt Ihrer Meinung nach die Eigenschaft *jung* zu der Marke *Ikea*?	0,0150	0,0582
Indikator 3: Inwiefern passt Ihrer Meinung nach die Eigenschaft *modern* zu der Marke *Ikea*?	0,6069	2,2693
Indikator 4: Inwiefern passt Ihrer Meinung nach die Eigenschaft *höhere Preisklasse* zu der Marke *Ikea*?	-0,0327	0,1478
(7-stufige Likert-Skala von 1 = „überhaupt nicht" bis 7 = „sehr gut")		

Tabelle 31: Indikatoren des formativen Konstruktes Markenimage des Kooperationspartners

Wie bereits beim Konstrukt Markenimage von *Esprit* handelt es sich auch hier um ein formatives Messmodell. Bei formativen Messmodellen sind vor allem die Gewichte der einzelnen Indikatoren von Relevanz, die jedoch keinen Vorgaben unterliegen. Zudem sollten die t-Werte bei einem 5 %-iges Signifikanzniveau den Wert von 1,98 überschreiten. Die *Tabelle 31* beinhaltet die entsprechenden Werte für die einzelnen Indikatoren. Die Gewichte attestieren dem ersten und dritten Indikator eine gute Eignung. Ferner überschreiten diese zwei Indikatoren den geforderten t-Wert von 1,98. Da es sich jedoch um ein formatives Messmodell handelt und die vier Indikatoren jeweils einen Teil des Konstruktes repräsentieren, verbleiben die nicht signifikanten Indikatoren dennoch im Instrumentarium.[511] Die weiteren Gütekriterien für ein formatives Messmodell – die Diskriminanzvalidität und die Multikollinearität – wer-

[511] Vgl. Jarvis/MacKenzie/Podsakoff (2003), S. 202.

den jedoch erfüllt. Das Messmodell des latenten Konstruktes Markenimage des Kooperationspartners kann infolgedessen als hinreichend reliabel und valide beurteilt werden.

Gütekriterium	Modell 2
I. Diskriminanzvalidität	
Konstruktkorrelation	alle < 0,9
II. Multikollinearität	
Variance Inflation Factor (VIF)	alle < 10

Tabelle 32: Gütekriterien des formativen Konstruktes Markenimage des Kooperationspartners

4.3.11 Ähnlichkeit der Images

Wie bereits erläutert, ist unklar, welche konkreten Dimensionen des mehrdimensionalen Konstruktes Fit existieren und wie die einzelnen Dimensionen auf den Erfolg eines Markentransfers wirken.[512] In Kapitel 3.2.2 wurde argumentiert, dass im Rahmen einer Co-Branding-Strategie unter anderem der Markenfit von Interesse ist, der sich auf den Fit der Markenimages der beteiligten Marken bezieht.[513] Das Messinstrumentarium des Konstruktes Markenfit ist einer Studie von *Wieseke* (2004) entnommen.[514] Dieses wurde wiederum in Anlehnung an eine Studie von *Keller/Aaker* (1992) entwickelt.[515] Die Indikatoren sind für die vorliegende Untersuchung entsprechend umformuliert.

	Modell 2	
Indikatoren	**Ladung (> 0,8)**	**t-Wert (> 1,66)**
Indikator 1: Ich finde der Möbelhersteller *Ikea* passt gut zu *Esprit.*	0,9110	39,8967
Indikator 2: Der Möbelhersteller *Ikea* passt zum Image von *Esprit.*	0,9084	56,2506
Indikator 3: Ich finde, dass *Ikea* als Lizenznehmer für *Esprit* angemessen ist.	0,9397	113,8474
(7-stufige Likert-Skala von „stimme überhaupt nicht zu“ bis „stimme vollkommen zu“)		

Tabelle 33: Indikatoren des reflektiven Konstruktes Markenfit

Da es sich um austauschbare Indikatoren handelt, beziehungsweise jeder Indikator das Konstrukt repräsentiert, liegt ein reflektiver Zusammenhang zwischen Konstrukt und Indikatoren vor. Zur Beurteilung der Indikatoren sind daher deren Ladungen und t-Werte zu prüfen. Wie

---

512 Vgl. Reinstrom (2007), S. 4.
513 Vgl. Baumgarth (2004), S. 245.
514 Vgl. Wieseke (2004), S. 108.
515 Vgl. Keller/Aaker (1992), S. 42.

der nachfolgenden *Tabelle 33* zu entnehmen ist, übersteigen die t-Werte der Indikatoren deutlich den kritischen Wert von 1,66 und die Ladungen aller Indikatoren den Wert von 0,8. Die weiteren Gütekriterien zur Evaluation von reflektiven Konstrukten auf Messmodellebene sind für alle Indikatoren ebenfalls erfüllt, wie *Tabelle 34* zeigt. Somit kann auch dieses Messinstrumentarium als valide und reliabel bezeichnet werden.

Gütekriterien	**Modell 2**
I. Konvergenzkriterien	
DEV (> 0,8) Konstruktreliabilität (> 0,7)	0,846 0,943
II. Diskriminanzvalidität	
Fornell-Larcker-Kriterium (R_{ij}^2 < DEV)	erfüllt
III. Vorhersagevalidität	
Stone-Geissers Q^2 (> 0)	0,6381
IV. Unidimensionalität	
Item 1, 2, 3	erfüllt

Tabelle 34: Gütekriterien des reflektiven Konstruktes Markenfit

4.3.12 Ähnlichkeit der Qualitäten

Analog zu dem Konstrukt Ähnlichkeit der Images gilt es auch beim Erfolgsfaktor Ähnlichkeit der Qualitäten zwischen den Kooperationspartnern herauszufinden, wie diese Dimension der Ähnlichkeit auf die Einstellung gegenüber der Markenexpansion wirkt. Das Konstrukt Ähnlichkeit der Qualitäten wird in der vorliegenden Untersuchung durch drei Indikatoren operationalisiert. Wie auch bei dem Konstrukt Produktfit stammt das Messinstrumentarium aus der Markentransfer- und Co-Branding-Literatur. Die Indikatoren 1 und 3 entstammen, wie bereits beim Produktfit, dem Messinstrumentarium von *Aaker/Keller* (1990) beziehungsweise *Zatloukal* (2002), wobei der dritte Indikator der Fragestellung angepasst wurde.[516] Der zweite Indikator entstammt der Arbeit von *Huber* (2005).[517]

Diese Art der Operationalisierung weist auf einen reflektiven Zusammenhang hin, da jeder Indikator das Konstrukt widerspiegelt und somit austauschbar ist. Daher gilt es auch hier, die Gütekriterien eines reflektiven Messmodells zu prüfen. Es ergibt sich auch hier eine deutliche Erfüllung der Anforderungen an die Faktorladungen und deren Signifikanzwerte, wie aus *Tabelle 35* ersichtlich. Auch die weiteren Prüfkriterien zur Beurteilung des Messmodells bestäti-

516 Vgl. Aaker/Keller (1990), S. 31; Zatloukal (2002), S. 204.
517 Vgl. Huber (2005), S. 76.

gen die Güte der gewählten Operationalisierung, so dass ein geeignetes Messinstrumentarium für das Konstrukt Ähnlichkeiten der Qualitäten vorliegt (vgl. *Tabelle 36*).

	Modell 2	
Indikatoren	**Ladung (> 0,8)**	**t-Wert (> 1,66)**
Indikator 1: Die Qualität der Produkte von *Ikea* passt gut zu der Qualität der Produkte von *Esprit*.	0,9173	43,7877
Indikator 2: Die Qualität der Produkte von *Ikea* und die Qualität der Produkte von *Esprit* sind sich sehr ähnlich.	0,9452	18,1381
Indikator 3: Die Qualität der Produkte von *Ikea* und die Qualität der Produkte von *Esprit* stimmen überein.	0,8816	11,1760
(7-stufige Likert-Skala von 1 = „stimme überhaupt nicht zu“ bis 7 = „stimme vollkommen zu“)		

Tabelle 35: Indikatoren des reflektiven Konstruktes Ähnlichkeit der Qualitäten

Gütekriterien	**Modell 2**
I. Konvergenzkriterien	
DEV (> 0,8) Konstruktreliabilität (> 0,7)	0,837 0,939
II. Diskriminanzvalidität	
Fornell-Larcker-Kriterium (R_{ij}^2 < DEV)	erfüllt
III. Vorhersagevalidität	
Stone-Geissers Q^2 (> 0)	0,6230
IV. Unidimensionalität	
Item 1, 2, 3	erfüllt

Tabelle 36: Gütekriterien des reflektiven Konstruktes Ähnlichkeit der Qualitäten

4.4 Operationalisierung der moderierenden Variablen

4.4.1 Vertrautheit mit der Muttermarke

Die Vertrautheit mit der Muttermarke stellt in der vorliegenden Untersuchung eine moderierende Variable dar. Als Indikatoren zur Operationalisierung dieses Konstrukt dient zunächst der Messansatz von *Simonin/Ruth* (1998).[518] Zudem wurde eine Studie von *Yoo/Donthu/Lee* (2000) herangezogen, in der die Markenvertrautheit ebenfalls operationalisiert wurde. Aus dieser Studie sind die letzen beiden Indikatoren des hier genutzten Inventars entnommen.[519] Im Hinblick auf die vorliegende Untersuchung wird das Konstrukt Markenvertrautheit sowohl

[518] Vgl. Simonin/Ruth (1998), S. 32.
[519] Vgl. Yoo/Donthu/Lee (2000), S. 203.

im ersten als auch im zweiten Modell durch fünf Indikatoren, welche *Tabelle 36* zu entnehmen sind, operationalisiert.

Modell 1 + Modell 2
Indikatoren
Indikator 1: Die Marke *Esprit* ist mir bekannt.
Indikator 2: Ich kann die Marke *Esprit* unter anderen Marken schnell wieder erkennen.
Indikator 3: Ich habe schon einmal etwas von der Marke *Esprit* gehört.
Indikator 4: Einige Eigenschaften von der Marke *Esprit* fallen mir spontan ein.
Indikator 5: Mir fällt das Logo von der Marke *Esprit* schnell ein.
(7-stufige Likert-Skala von 1 = „stimme überhaupt nicht zu“ bis 7 = „stimme vollkommen zu“)

Tabelle 37: Indikatoren der moderierenden Variablen Markenvertrautheit

4.4.2 Produktkategorie-Involvement

Eine weitere moderierende Variable stellt das Produktkategorie-Involvement dar. Das Konstrukt Produktkategorie-Involvement wird durch drei Indikatoren operationalisiert, die in einer Studie von *Kopalle/Lehmann* (2001) zur Operationalierung des Produktkategorie-Involvement verwendet wurden[520] Die Indikatoren sind *Tabelle 38* zu entnehmen:

Modell 1 + Modell 2
Indikatoren
Indikator 1: Die Produktkategorie Badmöbel ist sehr wichtig für mich.
Indikator 2: Die Produktkategorie Badmöbel bedeutet mir viel.
Indikator 3: Diese Produktkategorie Badmöbel ist für mich sehr relevant.
(7-stufige Likert-Skala von 1 = „stimme überhaupt nicht zu“ bis 7 = „stimme vollkommen zu“)

Tabelle 38: Indikatoren der moderierenden Variablen Produktkategorie-Involvement

Alle verwendeten Konstrukte sind nun operationalisiert, so dass eine Schätzung der Beziehung zwischen den Konstrukten vorgenommen werden kann. Die Ergebnisse dieser Schätzung sollen im folgenden Kapitel erläutert werden.

[520] Vgl. Kopalle/Lehmann (2001), S. 392.

4.5 Empirische Überprüfung des aufgestellten Modells

4.5.1 Deskriptive Auswertung

Die Stichprobe umfasste insgesamt 365 vollständig ausgefüllte Fragebögen. Davon entfielen 177 Probanden auf den ersten und 188 Antworten auf den zweiten Fragebogen. Wie bereits in Kapitel 4.1.2 erläutert, besitzen varianzbasierte PLS-Verfahren den Vorteil, dass sie in der Lage sind, komplexe Modelle mit bereits kleinen Stichproben zu schätzen,[521] so dass die Größe der Stichproben für eine Schätzung als ausreichend angesehen werden kann.

Merkmal	Merkmalsausprägung	Modell 1		Modell 2	
		Häufigkeiten		Häufigkeiten	
		absolut	relativ	absolut	relativ
Geschlecht	weiblich	123	66,1 %	139	73,5 %
	männlich	54	29,0 %	49	25,9 %
Alter	unter 20 Jahren	2	1,1 %	2	1,1 %
	20 bis 24	98	52,7 %	101	53,4 %
	25 bis 30	64	34,4 %	72	38,1 %
	31 bis 34	8	4,3 %	8	4,2 %
	35 bis 40	2	1,1 %	2	1,1 %
	41 bis 50	3	1,6 %	2	1,1 %
	über 50	0	0 %	1	0,5 %
höchster Bildungsabschluss	Hauptschulabschluss	2	1,1 %	1	0,5 %
	Mittlere Reife	1	0,5 %	1	0,5 %
	Abitur	145	78,0 %	151	79,9 %
	Hochschulabschluss	25	13,4 %	30	15,9 %
	Sonstiger Abschluss	4	2,2 %	5	2,6 %
Beruf	Schüler(in)	0	0 %	0	0
	Lehre/Ausbildung	0	0 %	3	1,6 %
	Student(in)	155	83,3 %	159	84,1 %
	Angestellte(r)	14	7,5 %	20	10,6 %
	Arbeiter(in)	1	0,5 %	0	0 %
	Selbstständige(r)	1	0,5 %	1	0,5 %
	Beamter(in)	3	1,6 %	2	1,1 %
	Hausfrau (-mann)	0	0 %	0	0 %
	Arbeitssuchend	2	1,1 %	1	0,5 %
	Rentner(in)	0	0 %	0	0 %
	Sonstiges	1	0,5 %	1	1,1 %
		n = 177		n = 188	

Tabelle 39: Soziodemographische Daten der Probanden

Den ersten Fragebogen beantworteten 123 Frauen und 54 Männer. Der Großteil der Probanden war zwischen 20 und 30 Jahren alt (97,1 %), was darauf zurückzuführen ist, dass eine Vielzahl der Probanden Studenten waren (83,3 %). Den zweiten Fragebogen beantworteten 139 Frauen und 49 Männer, die größtenteils ebenfalls im Alter zwischen 20 und 30 Jahren

[521] Vgl. Chin (1998), S. 295; Herrmann/Huber/Kressmann (2006), S. 38 ff.

waren (91,5 %). Auch hier war der Großteil Student (84,1 %). Da das Unternehmen *Esprit* die Zielgruppe ihrer Badmöbel im Alter zwischen 25 und 40 Jahren sieht,[522] entsprach die Stichprobe der vorliegenden Untersuchung zum größten Teil der Zielgruppe von *Esprit home*. Die soziodemographischen Daten der Stichprobe sind in *Tabelle 39* aufgeführt.

Zudem wurden die Probanden im ersten Fragebogen gefragt, ob sie die Marke *Esprit* kennen und wie häufig sie im letzten Jahr Produkte von Esprit erworben hatten. Im zweiten Fragebogen wurde zusätzlich erhoben, ob die Marke *Ikea* bekannt ist. Die Marke *Esprit* kannten alle Probanden, sowohl die Probanden des ersten als auch des zweiten Fragebogens. Überdies kannten alle Probanden des zweiten Fragebogens die Marke *Ikea.* Die Auswertung der Frage nach der Häufigkeit des Kaufs von *Esprit*-Produkten im letzten Jahr zeigt *Tabelle 40.*

Modell 1																		
Anzahl Käufe	0	1	2	3	4	5	6	7	10	15	19	20	25	30				
Nennungen	69	38	12	16	4	14	1	1	7	4	1	5	1	4				**n = 177**
Modell 2																		
Anzahl Käufe	0	1	2	3	4	5	6	7	8	10	12	15	20	25	30	35	50	
Nennungen	69	30	19	16	5	18	4	3	2	11	2	1	3	1	1	1	2	**n = 188**

Tabelle 40: Häufigkeit des Kaufs von Produkten von *Esprit* im letzten Jahr

4.5.2 Überprüfung des Strukturmodells

Zur Überprüfung des Strukturmodells liegt das Hauptaugenmerk auf den in Kapitel 3 hergeleiteten Hypothesen. Das Ziel des folgenden Kapitels ist, eine Aussage über die nomologische Validität des postulierten Strukturmodells zu treffen. Zu diesem Zweck müssen die hypothetischen Beziehungen zwischen den latenten Konstrukten des Modells bewertet werden.[523] Ebenso wie das Messmodell ist auch das Strukturmodell anhand geeigneter Gütekriterien zu überprüfen. Um eine Aussage über die Annahme oder die Ablehnung der postulierten Modellverbindungen beziehungsweise Hypothesen treffen zu können, werden zunächst die Modellverbindungen auf Signifikanz überprüft. Wie bereits in Kapitel 4.1.5 erläutert, sollte der t-Wert (für ein Signifikanzniveau von 5 %), unter Annahme eines zweiseitigen Tests, größer als 1,98 sein. PLS schätzt dazu über die Bootstrapping-Prozedur die t-Werte der Strukturparameter. Ferner sollten die Pfadkoeffizienten den Wert von 0,1 überschreiten. Die entsprechenden Werte für beide Untersuchungsmodelle können *Tabelle 41* entnommen werden:

[522] Vgl. o. V. (2008c).
[523] Vgl. Huber et al. (2007), S. 42.

	Modell 1			Modell 2		
Hypothese	**Pfad-koeffizient**	**t-Wert**	**Signifikanz ($\alpha = 5$ %)***	**Pfad-koeffizient**	**t-Wert**	**Signifikanz ($\alpha = 5$ %)***
H_1	0,0690	1,2006	abgelehnt	0,0700	1,1356	abgelehnt
H_2	0,2060	2,0416	bestätigt	0,0740	0,8462	abgelehnt
H_3	-0,1000	0,9252	abgelehnt	0,0970	1,0691	abgelehnt
H_4	0,4220	4,7033	bestätigt	0,1850	2,4804	bestätigt
H_5	0,0420	0,5554	abgelehnt	0,0620	0,7863	abgelehnt
H_6	0,2670	3,4875	bestätigt	-	-	-
H_{6a}	-	-	-	0,0820	1,3320	abgelehnt
H_{6b}	-	-	-	0,4190	5,5918	bestätigt
H_{6c}	-	-	-	-0,0700	1,0969	abgelehnt
H_7	-0,0050	0,0539	abgelehnt	0,0870	1,0196	abgelehnt
H_8	0,2900	3,1499	bestätigt	0,2430	3,9349	bestätigt
H_9	0,6490	14,7173	bestätigt	0,6550	15,3688	bestätigt
*Die Überprüfung für eine Irrtumswahrscheinlichkeit von 10 % führt in diesem Fall zu denselben Ergebnissen.						

Tabelle 41: Hypothesenprüfung im Überblick

Wie *Tabelle 41* zu entnehmen ist, können im ersten Modell die t-Werte der Hypothesen H_1, H_3, H_5 und H_7 die genannten Mindestanforderungen nicht erfüllen, so dass diese Hypothesen abgelehnt werden müssen. Die Hypothesen H_2, H_4, H_6, H_8 und H_9 können hingegen bestätigt werden. Damit haben sich im ersten Modell fünf von neun Hypothesen bestätigt. Im zweiten Modell erfüllen die t-Werte der Hypothesen H_1, H_2, H_3, H_5, H_7, H_{6a} sowie H_{6c} die Mindestanforderungen nicht und sind infolgedessen zu verwerfen. Die Hypothesen H_4, H_{6b}, H_8 und H_9 können bestätigt werden. Damit werden im zweiten Modell vier von elf Hypothesen bestätigt. Neben der Hypothesenprüfung lassen sich auf Strukturmodellebene noch weitere Gütekriterien bestimmen: das regressionsanalytische Bestimmtheitsmaß R^2, die Multikollinearität und die Vorhersagevalidität.[524] Das Bestimmtheitsmaß R^2 gibt den Anteil der erklärten Varianz eines Konstruktes an, der durch die vorgelagerten Größen erklärt werden kann. Das heißt, je höher das Bestimmtheitsmaß R^2 ist, desto höher ist auch der Anteil der erklärten Streuung an der Gesamtstreuung.[525] Gemäß *Huber et al.* (2007) sollte die erklärte Varianz durch die übrigen Konstrukte im Modell den Wert von 0,3 übersteigen.[526] In der vorliegenden Untersuchung existieren vier endogene Konstrukte: der Produktfit, die Qualitätsbeurteilung der Mut-

[524] Vgl. Kapitel 4.1.5.
[525] Vgl. Backhaus et al. (2003), S. 63; Albers/Hildebrandt (2006), S. 30.
[526] Vgl. Huber et al. (2007), S. 107.

termarke, die Einstellung und die Kaufabsicht. In *Tabelle 42* sind die Bestimmtheitsmaße für die jeweiligen Konstrukte aufgeführt:

Konstrukt	R^2	
	Modell 1	**Modell 2**
Einstellung gegenüber der Markenexpansion	0,3962	0,4064
Kaufabsicht	0,4209	0,4284
Produktfit	0,0844	0,0589
Qualitätsbeurteilung der Muttermarke	0,0000	0,0076

Tabelle 42: R^2-Werte für die endogenen Konstrukte

So bedeutet im ersten Modell das R^2 von 0,3962 für das endogene Konstrukt Einstellung gegenüber der Markenexpansion, dass im ersten Modell 39,62 % der Varianz durch die auf das Konstrukt einwirkenden Konstrukte erklärt werden kann. Im zweiten Modell wird 40,64 % der Varianz des Konstruktes erklärt. Die Kaufabsicht weist ein R^2 von 0,4209 beziehungweise 0,4284 auf. Die Varianz wird somit im ersten Modell durch das auf die Kaufabsicht einwirkende Konstrukt Einstellung gegenüber der Markenexpansion zu 42,09 %, und im zweiten Modell zu 42,84 % erklärt.

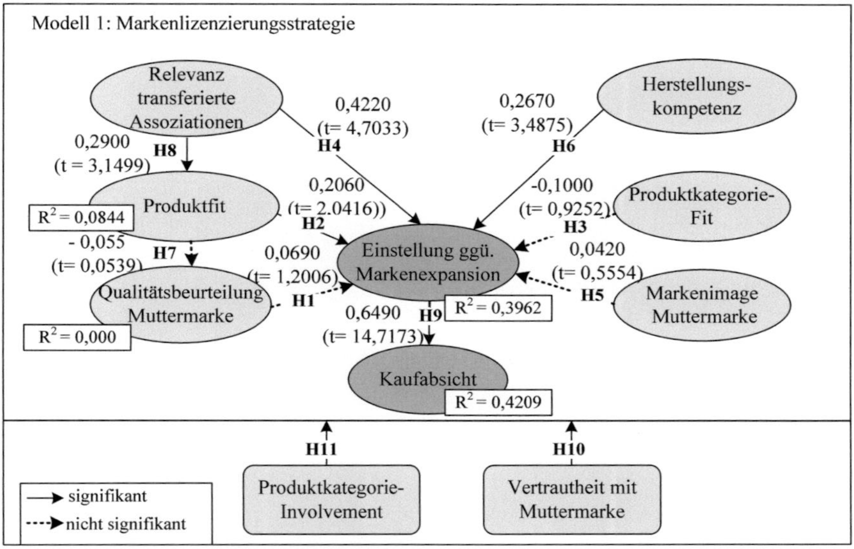

Abbildung 15: Hypothesenprüfung Markenlizenzierungsstrategie

In beiden Modellen wird also der geforderte Mindestwert von 0,3 sowohl für die Einstellung als auch die Kaufabsicht erreicht. Die endogenen Konstrukte Produktfit und Qualitätsbeurteilung der Muttermarke weisen sowohl im ersten Modell als auch im zweiten Modell zu geringe R^2-Werte auf, so dass die Varianz durch die auf sie einwirkenden Konstrukte nicht hinreichend beziehungsweise gar erklärt werden kann. Da jedoch das Ziel dieser Studie nicht in der bestmöglichen Erklärung der Konstrukte Produktfit beziehungsweise Qualitätsbeurteilung der Muttermarke liegt, sind die geringen Bestimmtheitsmaße wenig verwunderlich. In den nachfolgenden *Abbildungen 15* und *16* sind die Ergebnisse graphisch dargestellt.

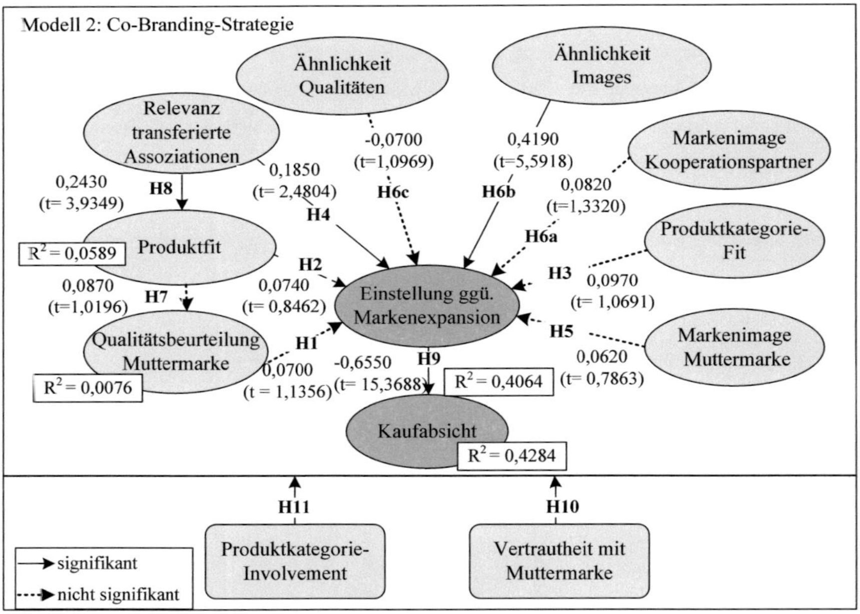

Abbildung 16: Hypothesenprüfung Co-Branding-Strategie

Analog zu der Überprüfung der Multikollinearität auf Messmodellebene wird die Multikollinearität auf Strukturmodellebene ebenfalls mittels der Regressionsanalyse überprüft. Jedoch stehen hier nicht die Indikatoren, sondern die ein anderes Konstrukt erklärenden Konstrukte im Mittelpunkt der Betrachtung. Ebenso wie auf Messmodellebene wird der sogenannte Variance Inflation Factor (VIF) zur Beurteilung der Multikollinearität herangezogen.[527] Dieser

[527] Vgl. Huber et al. (2007), S. 108 f.

sollte einen Wert von 10 nicht überschreiten. Für die Berechnung des VIF-Wertes ist eine Regressionsanalyse durchzuführen. Dabei sind so viele Regressionsanalysen durchzuführen, wie vorgelagerte Konstrukte existieren – in der vorliegenden Untersuchung im ersten Modell sechs und im zweiten Modell neun. Jeder Erfolgsfaktor dient in der Regression einmal als abhängige Variable, um zu testen, ob dieser Erfolgsfaktor durch die anderen Erfolgsfaktoren erklärt wird. Danach kann der VIF mit Hilfe der ermittelten Bestimmtheitsmaße der Regressionen errechnet werden (VIF = $1/1\text{-}R^2$).[528] *Tabelle 43* belegt, dass stets VIF-Werte kleiner als 10 vorliegen, so dass Multikollinearität ausgeschlossen werden kann.

	Modell 1		**Modell 2**	
Konstrukt	**korr. R^2**	**VIF**	**korr. R^2**	**VIF**
Markenimage Muttermarke	0,149	1,175	0,090	1,099
Qualitätsbeurteilung Muttermarke	0,075	1,081	0,181	1,211
Relevanz der Assoziationen	0,197	1,245	0,151	0,178
Produktfit	0,686	3,185	0,619	2,625
Produktkategorie-Fit	0,699	3,322	0,626	2,674
Herstellungskompetenz	0,147	1,172	-	-
Markenimage Kooperationspartner	-	-	0,237	1,311
Markenfit	-	-	0,452	1,825
Ähnlichkeit Qualitäten	-	-	0,415	1,709

Tabelle 43: Korrigierte R^2- und VIF-Werte

Ferner ist auf Strukturmodellebene die Vorhersagevalidität der endogenen, reflektiven Konstrukte zu überprüfen. Analog zu der Überprüfung der Vorhersagevalidität auf Messmodellebene ist auch hier *Stone-Geissers* Q^2 zu ermitteln, welches ebenfalls einen Wert größer Null annehmen sollte. Der Unterschied besteht darin, dass auf Messmodellebene die Kommunalitäten von Interessen waren, auf Strukturmodellebene jedoch die Redundanzen im Fokus stehen.[529] *Tabelle 44* zeigt, dass sowohl im ersten Modell als auch im zweiten Modell die Vorhersagevalidität nur bei den Konstrukten Einstellung gegenüber der Markenexpansion und Kaufabsicht gegeben ist. Da bei den Konstrukten Produktfit und Qualitätseinschätzung der Muttermarke schon die erklärte Varianz R^2 nicht erfüllt war, ist eine nicht erfüllte Vorhersagevalidität einleuchtend.

[528] Vgl. Huber et al. (2007), S. 108 f.
[529] Vgl. Huber et al. (2007), S. 113.

	Stone-Geissers Q^2	
Konstrukt	**Modell 1**	**Modell 2**
Einstellung gegenüber der Markenexpansion	0,2243	0,2401
Kaufabsicht	0,2228	0,2170
Produktfit	-0,3661	-0,4357
Qualitätseinschätzung der Muttermarke	-1,0367	-0,6853

Tabelle 44: *Stone-Geissers* Q^2 der endogenen, reflektiven Konstrukte

Neben den direkten Effekten auf das Kernkonstrukt Einstellung gegenüber der Markenexpansion sind ferner indirekte Wirkungsbeziehungen zu berücksichtigen. Diese Berücksichtigung ist vor dem Hintergrund einer realitätsnahen Darstellung sowie einer drohenden Unterschätzung der Wirkungen der Variablen notwendig.[530] Diese indirekten Effekte entstehen dadurch, dass ein Konstrukt über ein oder mehrere Mediatorvariablen auf eine andere Variable wirkt.[531] Für die vorliegende Untersuchung ergibt sich nur für das erste Modell ein indirekter Effekt, und zwar vom Konstrukt Relevanz der transferierten Assoziationen über den Produktfit auf die Einstellung. Wie *Tabelle 45* zu entnehmen ist, liegt damit der Totaleffekt von der Relevanz der transferierten Assoziationen auf die Einstellung bei 0,4817. Im zweiten Modell ist dieser Effekt nicht festzustellen, da der Einfluss des Produktfits auf die Einstellung nicht signifikant ist (vgl. *Abbildung 16*).

Totaleffekt vom Konstrukt Relevanz der transferierten Assoziationen (Modell 1)			
Konstrukt	**Direkter Effekt**	**Indirekter Effekt**	**Totaleffekt**
Relevanz Assoziationen	0,4220	0,2900*0,2060	0,4817

Tabelle 45: Indirekter Effekt und Totaleffekt auf die Einstellung gegenüber der Markenexpansion

Nach erfolgreicher Überprüfung der Gütekriterien kann die nomologischen Validität für beide Untersuchungsmodelle bestätigt werden. Zusammenfassend lässt sich sagen, dass die theoretisch hergeleiteten Modelle zur Erklärung der Einstellung gegenüber einer Markenexpansion, in der Lage sind, die Realität entsprechend widerzuspiegeln.

4.5.3 Gruppenvergleich nach *Chin*

Um im Rahmen dieser Studie differenziertere Ergebnisse zu erhalten, soll nun der Einfluss von moderierenden Variablen auf das Modell untersucht werden. Das bedeutet, dass im Fol-

[530] Vgl. Huber et al. (2007), S. 117.
[531] Vgl. Backhaus et al. (2003), S. 399 f.

genden eine Überprüfung der Hypothesen H_{10} und H_{11} vorgenommen werden soll, die signifikante Gruppeneinflüsse auf das Strukturmodell postulieren. Zu diesem Zweck erfolgte eine Trennung der Gesamtstichprobe in unterschiedliche Gruppen. Im Anschluss daran wurden diese dann separat ausgewertet und verglichen. Für die Prüfung des Vorliegens des Einflusses von moderierenden Variablen auf die Modellbeziehungen fand ein Gruppenvergleich nach *Chin* Anwendung.[532]

Die vorliegende Studie untersucht die moderierenden Variablen Vertrautheit mit der Muttermarke (H_{10}) und Produktkategorie-Involvement (H_{11}), so dass zwei Gruppenvergleiche vorzunehmen waren. Zur Durchführung dieser Gruppenvergleiche wurde die Gesamtstichprobe mit Hilfe des Medians in zwei Teilgruppen aufgeteilt. Der Median teilt eine sortierte Stichprobe in zwei Gruppen und ist im Gegensatz zum Mittelwert besonders resistent gegenüber Ausreißern.[533] Für den ersten Gruppenvergleich erfolgte eine Aufteilung der Gesamtstichprobe in Probanden mit einer geringen und hohen Vertrautheit (Median = 6 für beide Untersuchungsmodelle) mit der Marke *Esprit*. Für den zweiten Gruppenvergleich wurde zwischen Probanden mit einem geringen und hohen Produktkategorie-Involvement (Median = 2,0 für beide Untersuchungsmodelle) unterschieden.

$$t = \frac{p_x^1 - p_x^2}{S * \sqrt{\frac{1}{m} + \frac{1}{n}}} \quad \text{mit:} \quad S = \sqrt{\frac{m-1}{m+n-2} * (\sigma(p_x^1))^2 + \frac{n-1}{m+n-2} * (\sigma(p_x^2))^2}$$

mit:

m= Größe der ersten Stichprobe

n= Größe der zweiten Stichprobe

p_x^1 bzw. p_x^2 = zu vergleichende Werte (z. B. Strukturparameter)

$\sigma(p_x^1)$ bzw. $\sigma(p_x^2)$ = Standardfehler des ersten beziehungsweise zweiten Wertes

Abbildung 17: Formel zu Bestimmung des t-Wertes nach *Chin*[534]

Um die aufgestellten Hypothesen H_{10} und H_{11} zu überprüfen, erfolgte für jede dieser gebildeten Gruppen eine separate Schätzung der Strukturparameter. Anschließend wurden die postulierten Gruppeneinflüsse auf das Strukturmodell überprüft, indem die Differenzen zwischen den ermittelten Pfadkoeffizienten ermittelt wurden. Die Signifikanz dieser Differenzen wurde dann mittels eines t-Testes überprüft. Die Berechnung der t-Werte erfolgte dabei über in *Ab-*

[532] Für eine umfassendere Darstellung vgl. Chin (2000).
[533] Vgl. Schulze (2007), S. 48.
[534] In Anlehnung an Huber et al. (2007), S. 50 f.

bildung 17 dargestellten Formeln.[535] Die ermittelten t-Werte folgen einer t-Verteilung mit m+n-2 Freiheitsgraden, was einem kritischen t-Wert von 1,98 entspricht.[536]

Unter Annahme der Markenvertrautheit als moderierende Variable wurden im ersten Modell insgesamt 94 Probanden der Gruppe mit einer geringen und 83 Probanden der Gruppe mit einer hoher Markenvertrautheit zugeordnet. Im Anschluss daran wurden für beide Gruppen die Pfadkoeffizienten der Konstruktzusammenhänge sowie deren t-Werte ermittelt. Die Ergebnisse dieses Gruppenvergleichs sind in *Tabelle 46* aufgelistet.

Modell 1							
	Geringe Vertrautheit (m = 94)		**Hohe Vertrautheit (n = 83)**		**Gruppenvergleich**		
Hypothese	**Pfad-koeff.**	**t-Wert$^{(*)}$**	**Pfad-koeff.**	**t-Wert$^{(*)}$**	**Differenz**	**t-Wert**	**Signifikanz (α = 10 %)**
H_1	0,035	0,4215	0,126	1,2278	-0,091	-0,7000	Nein
H_2*	0,036	0,3080	**0,427**	**2,4748**	**-0,391**	**-1,9249**	Ja
H_3	0,084	0,7097	-0,301	1,6382	**0,385**	**1,8122**	Ja
H_4*	**0,546**	**5,3639**	**0,352**	**2,7007**	0,194	1,1936	Nein
H_5	-0,054	0,3791	0,153	1,3036	0,207	-1,1104	Nein
H_6*	**0,291**	**3,9087**	**0,229**	**1,6750**	0,062	0,4132	Nein
H_7	0,089	0,7297	-0,094	0,6481	0,183	0,9780	Nein
H_8*	**0,302**	**2,9890**	**0,244**	**1,9610**	0,058	0,3674	Nein
H_9*	**0,562**	**8,4175**	**0,733**	**14,9203**	**0,171**	**2,0287**	Ja
*Hypothese im Totalmodell bestätigt (α = 5 %); $^{(*)}$(α = 10 %)							

Tabelle 46: Gruppenvergleich für die moderierende Variable Markenvertrautheit (Modell 1)

Tabelle 46 verdeutlicht, dass bei drei Hypothesen ein signifikanter Unterschied zwischen Probanden mit geringer und hoher Markenvertrautheit besteht. Ausschließlich für die Probanden mit einer hohen Markenvertrautheit wurde die Hypothese H_2 bestätigt. Die Bedingung für einen signifikanten Gruppenunterschied ist ebenfalls erfüllt. Demnach beeinflusst bei einer hohen Markenvertrautheit der Produktfit die Einstellung stärker als bei einer geringen Markenvertrautheit. Die Hypothesen H_4, H_6, H_8 und H_9 bestätigen sich für beide Gruppen, wobei sich diese auch im Gesamtmodell bestätigen. Die t-Werte der Abweichungen der Pfadkoeffizienten zeigen jedoch, dass sich die Wirkungszusammenhänge nur bei Hypothese H_9 signifikant voneinander unterscheiden. Dies bedeutet, dass bei einer hohen Markenvertrautheit die

[535] Vgl. Huber et al. (2007), S. 50 f.
[536] Vgl. Chin (2000).

Einstellung einen stärkeren Einfluss auf die Kaufabsicht ausübt. Bei Hypothese H_3 wurde zwar eine signifikante Differenz der Pfadkoeffizienten festgestellt, jedoch konnte die Hypothese sowohl im Totalmodell als auch in beiden Teilgruppen nicht bestätigt werden. Somit kann im ersten Modell die Hypothese H_{10}, die besagt, dass sich die Modellzusammenhänge in Abhängigkeit von der Markenvertrautheit signifikant voneinander unterscheiden, nur schwach bestätigt werden.

Im zweiten Modell wurden insgesamt 89 Probanden der Gruppe mit einer geringen und 98 Befragte der Gruppe mit einer hohen Markenvertrautheit zugeordnet. Die Ergebnisse des Gruppenvergleichs zeigt *Tabelle 47*.

Modell 2							
	Geringe Vertrautheit (m = 89)		**Hohe Vertrautheit (n = 98)**		**Gruppenvergleich**		
Hypothese	**Pfad-koeff.**	**t-Wert$^{(*)}$**	**Pfad-koeff.**	**t-Wert$^{(*)}$**	**Differenz**	**t-Wert**	**Signifikanz (α = 10 %)**
H_1	0,0540	0,7071	0,1270	1,0612	-0,073	-0,5054	Nein
H_2	0,0460	0,3678	0,0960	0,8338	-0,05	-0,2962	Nein
H_3	0,0780	0,7532	0,0910	0,7574	-0,013	-0,0816	Nein
H_4*	**0,1800**	**1,6721**	**0,2480**	**2,3644**	-0,068	-0,4543	Nein
H_5	0,0110	0,0993	0,1260	1,0998	-0,115	-0,7227	Nein
H_{6a}	0,0800	0,7171	0,1260	1,2256	-0,046	-0,3053	Nein
H_{6b}*	**0,5970**	**6,1307**	**0,2440**	**2,1827**	**0,353**	**2,3722**	Ja
H_{6c}	**-0,2490**	**2,2635**	0,0030	0,0293	**0,252**	**-1,6878**	Ja
H_7	0,0290	0,2377	-0,1110	0,7806	0,14	0,7440	Nein
H_8*	**0,2020**	**2,1823**	**0,2720**	**2,5343**	-0,07	-0,4919	Nein
H_9*	**0,5690**	**8,1018**	**0,6960**	**16,6921**	**0,127**	**1,5977**	Ja
* Hypothese im Totalmodell bestätigt(α = 5 %); $^{(*)}$(α = 10 %)							

Tabelle 47: Gruppenvergleich für die moderierende Variable Markenvertrautheit (Modell 2)

Tabelle 47 ist zu entnehmen, dass bei einer geringen Markenvertrautheit der Einfluss des Konstruktes Ähnlichkeit der Qualitäten signifikant ist (H_{6c}), dennoch kann die Hypothese nicht bestätigt werden, da der Pfadkoeffizient ein negatives Vorzeichen aufweist und der postulierte Einfluss positiv ist. Darüber hinaus wird diese Hypothese im Totalmodell ebenfalls abgelehnt. Im Gruppenvergleich zeigt sich, dass der Gruppenunterschied signifikant ist. Die Interpretation dieses Zusammenhangs wird im Kapitel 4.7 vorgenommen. Die Hypothesen H_4, H_{6b}, H_8 und H_9 bestätigen sich für beiden Gruppen. Diese Hypothesen haben sich auch im Gesamtmodell bestätigt. Ein signifikanter Gruppenunterschied kann jedoch nur bei den Hypothesen H_{6b} und H_9 festgestellt werden. In Bezug auf Hypothese H_{6b} bedeutet dies, dass der Einfluss der wahrgenommenen Ähnlichkeit der Images bei Probanden mit einer geringen Markenvertrautheit stärker ausfällt. Des Weiteren ist – wie auch im ersten Modell – der Einfluss der Einstellung auf die Kaufabsicht bei Probanden mit einer hohen Markenvertrautheit stärker. Folglich bestätigt sich die Hypothese H_{10} im zweiten Modell nur für drei Zusammenhänge. Somit kann die Hypothese H_{10} auch im zweiten Modell nur teilweise bestätigt werden.

Der zweite Gruppenvergleich wurde zwischen hoch involvierten und niedrig involvierten Probanden – hinsichtlich der Produktkategorie Badmöbel – durchgeführt. Im ersten Modell wurden insgesamt 112 tendenziell niedrig involvierte und 65 tendenziell hoch involvierte Probanden in zwei Teilgruppen aufgeteilt (vgl. *Tabelle 48*).

Modell 1							
	Geringes Involvement (m = 112)		**Hohes Involvement (n = 65)**		**Gruppenvergleich**		
Hypothese	**Pfad-koeff.**	**t-Wert^(*)^**	**Pfad-koeff.**	**t-Wert^(*)^**	**Differenz**	**t-Wert**	**Signifikanz (α = 10 %)**
H_1	-0,012	0,1288	**0,355**	**3,1268**	3,1478	-1,2472	Nein
H_2*	0,101	0,8079	**0,468**	**2,7310**	**-0,367**	**-1,7603**	Ja
H_3	0,006	0,0435	**-0,417**	**2,1826**	**0,423**	**1,8308**	Ja
H_4*	**0,478**	**4,6763**	0,129	0,5837	0,349	1,6330	Nein
H_5	0,056	0,3943	**0,240**	**2,0176**	-0,184	-0,8917	Nein
H_6*	0,166	1,4150	**0,386**	**4,4229**	-0,22	-1,3173	Nein
H_7	-0,126	0,9090	-0,042	0,2419	0,084	-0,3755	Nein
H_8*	**0,351**	**4,7550**	0,270	0,8141	0,081	0,3021	Nein
H_9*	**0,607**	**10,9063**	**0,658**	**8,1061**	0,051	0,5357	Nein
* Hypothese im Totalmodell bestätigt(α = 5 %); ^(*)^(α = 10 %)							

Tabelle 48: Gruppenvergleich für die moderierende Variable Produktkategorie-Involvement (Modell 1)

Der Vergleich zeigt, dass sich für die hoch involvierten Probanden die Hypothesen H_1, H_2, H_5, H_6 bestätigen; für gering involvierte Probanden lediglich die Hypothesen H_4 und H_8. Die Hypothese H_9 bestätigt sich hingegen für beide Teilgruppen. Von diesen Hypothesen bestätigen sich im Gesamtmodell die Hypothesen H_2, H_4, H_6, H_8 und H_9. Der Gruppenvergleich zeigt, dass ein signifikanter Gruppenunterschied nur bei den Hypothesen H_2 und H_3 festgestellt werden kann. Das bedeutet, dass sich bei hoch involvierten Probanden der Produktfit und der Produktkategorie-Fit stark auf die Einstellung gegenüber der Markenexpansion auswirken. Im Totalmodell konnte der postulierte positive Zusammenhang zwischen dem Produktkategorie-Fit und der Einstellung nicht bestätigt werden (H_3). Bei den anderen Hypothesen sind keine signifikanten Gruppenunterschiede festzustellen. Das bedeutet, dass die Hypothese H_{11}, in der vermutet wird, dass sich die Zusammenhänge des Modells in Abhängigkeit von dem Produktkategorie-Involvement signifikant voneinander unterscheiden, im ersten Modell nur für zwei Zusammenhänge bestätigt werden kann.

Im zweiten Modell bestanden die Teilgruppen aus insgesamt 96 Probanden, die tendenziell niedrig, und 92 Probanden, die tendenziell hoch involviert waren.

Modell 2							
	Geringes Involvement (m = 96)		**Hohes Involvement (n = 92)**		**Gruppenvergleich**		
Hypothese	**Pfad-koeff.**	**t-Wert$^{(*)}$**	**Pfad-koeff.**	**t-Wert$^{(*)}$**	**Differenz**	**t-Wert**	**Signifikanz (α = 10 %)**
H_1	-0,0090	0,0968	**0,1460**	**1,8004**	0,155	-1,2586	Nein
H_2	-0,0290	0,2111	0,0640	0,4967	0,093	-0,4955	Nein
H_3	0,1890	1,3399	0,1350	1,1654	0,054	0,2960	Nein
H_4*	**0,2980**	**2,3714**	0,0600	0,6319	0,238	1,5091	Nein
H_5	0,0460	0,3447	0,0280	0,2827	0,018	0,1082	Nein
H_{6a}	0,1680	1,7433	**0,2250**	**2,5749**	-0,057	-0,4393	Nein
H_{6b}*	0,1850	1,1393	**0,5940**	**4,8159**	**-0,409**	**-2,0041**	Ja
H_{6c}	0,0120	0,1189	**-0,2180**	**2,0967**	**0,230**	**1,5961**	Ja
H_7	-0,0290	0,2111	-0,0230	0,4967	0,006	1,3111	Nein
H_8*	**0,2980**	**2,3714**	0,3570	0,6319	-0,059	-0,2450	Nein
H_9*	**0,5950**	**10,4266**	**0,7190**	**16,2906**	**0,124**	**1,7178**	Ja
* Hypothese im Totalmodell bestätigt(α = 5 %); $^{(*)}$(α = 10 %)							

Tabelle 49: Gruppenvergleich für die moderierende Variable Involvement (Modell 2)

Tabelle 49 offenbart, dass sich im zweiten Modell für gering involvierte Probanden die Hypothesen H_4, H_8 und für hoch involvierte die Hypothesen H_1, H_{6a}, H_{6b} bestätigen. Wie auch im Gruppenvergleich zwischen Probanden mit einer geringen und einer hohen Markenvertrautheit, kann die Hypothese H_{6c} aufgrund des negativen Pfadkoeffizienten nicht bestätigt werden. Bei beiden Gruppen bestätigt sich die Hypothese H_9. Von diesen Hypothesen bestätigen sich im Gesamtmodell die Hypothesen H_4, H_{6b}, H_8 und H_9. Der Gruppenvergleich zeigt, dass nur ein signifikanter Gruppenunterschied bei den Hypothesen $H_{6c,}$ H_{6b} und H_9 besteht, wobei der Gruppenunterschied hinsichtlich der Hypothese $H_{6c,}$ aus dem bereits genannten Grund, nicht berücksichtigt wird. Somit kann festgestellt werden, dass sich die Ähnlichkeit der Images zwischen den Kooperationspartnern bei hoch involvierten Probanden stärker auf die Einstellung auswirkt als bei gering involvierten. Ferner kann konstatiert werden, dass die Einstellung bei hoch involvierten Befragten einen stärkeren Einfluss auf die Kaufabsicht ausübt. Somit bestätigt sich die Hypothese H_{11} im zweiten Modell für drei Zusammenhänge. Im nachfolgenden Kaptitel werden die in den vorherigen Kapiteln ausgewerteten Daten zusammengeführt und interpretiert.

4.6 Interpretation der Ergebnisse

Nachdem in den vorangegangenen Kapiteln die hergeleiteten Modelle – sowohl auf Messmodell- als auch auf Strukturmodellebene – statistisch überprüft worden sind, bedürfen die Ergebnisse nun einer Interpretation, um daraus aussagefähige Implikationen für die Marketingforschung und -praxis ableiten zu können. Das zur Operationalisierung der Konstrukte aufgestellte Messmodell kann als sehr zufriedenstellend eingestuft werden, da die Gütekriterien auf Messmodellebene größtenteils erfüllt wurden.[537] Lediglich hinsichtlich der Unidimensionalität wurden Inkonsistenzen festgestellt, da die Ladungen vereinzelter Indikatoren auf ihre Zielfaktoren nicht immer ganz trennscharf ausfielen. Nach der Elimination der problematischen, reflektiven Indikatoren konnte auch hinsichtlich der Unidimensionalität zufriedenstellende Ergebnisse festgestellt werden. Dies impliziert für die reflektiven Indikatoren eine gelungene Operationalisierung. Bei den formativen Indikatoren konnte hingegen nicht bei allen ein signifikanter Einfluss festgestellt werden. Da aber mindestens ein Indikator einen signifikanten t-Wert aufwies, wurde von einer Entfernung der nicht signifikanten Indikatoren abgesehen, da eine Entfernung den Bedeutungsgehalt des Konstruktes verändert hätte.[538]

Auf Strukturmodellebene mussten einige Hypothesen sowohl im ersten als auch im zweiten Untersuchungsmodell abgelehnt werden. Im ersten Untersuchungsmodell wurde davon ausgegangen, dass der Modekonzern *Esprit* für die neuen Produkte im Badmöbelsegment den Namen *Esprit home* verwendet. Da es sich in diesem Fall um einen real existierenden Markentransfer der Marke *Esprit* handelt, sind die Ergebnisse der vorliegenden Studie von besonderem Interesse. In dem ersten Modell konnten die Relevanz der transferierten Assoziationen, der Produktfit und die Herstellungskompetenz als direkt, positiv wirkende Einflussgrößen auf die Einstellung gegenüber der Markenexpansion identifiziert werden (vgl. *Tabelle 50*).

---

[537] Vgl. Kapitel 4.3.
[538] Vgl. Jarvis/MacKenzie/Podsakoff (2003), S. 202.

Konstrukt	Direkte Effekte auf die Einstellung	Indirekte Effekte auf die Einstellung	Gesamteffekt auf die Einstellung
Relevanz Assoziationen	0,4220	0,2900*0,2060	0,4817
Produktfit	0,2060	-	0,2060
Herstellungskompetenz	0,2670	-	0,2670

Tabelle 50: Gesamteffekte auf die Einstellung gegenüber dem Markentransfer

Dabei übt das Konstrukt Relevanz der transferierten Assoziationen für die Transferproduktkategorie, mit einem Pfadkoeffizienten von 0,4220 und einem t-Wert von 4,7033, den stärksten Einfluss auf die Einstellung gegenüber der Markenexpansion aus. Somit kann die Hypothese bestätigt werden, dass die Einstellung gegenüber einem Transferprodukt umso positiver ausfällt, je stärker die von der Muttermarke transferierten Assoziationen mit der Tranferproduktkategorie verbunden werden können (H_4).[539] Dieses Ergebnis steht im Einklang mit einer Vielzahl von empirischen Studien, die ausnahmslos einen positiven Zusammenhang zwischen der Relevanz der Assoziationen und dem Markentransfererfolg nachgewiesen haben.[540] Die mit der Muttermarke verbundenen Assoziationen sind insbesondere dann von Relevanz, wenn sich die Produktkategorie der Muttermarke und die des Transferproduktes stark voneinander unterscheiden,[541] wie es in der vorliegende Studie der Fall ist. In einem Gruppenvergleich stellte sich ferner heraus, dass bei Probanden mit einer geringen Vertrautheit mit der Muttermarke sowie bei Probanden mit einem geringem Produktkategorie-Involvement die Assoziationen einen stärkeren Einfluss auf die Beurteilung des Transferproduktes nahmen. Der stärkere Einfluss bei den gering involvierten Probanden, kann auf die eher oberflächliche Informationsverarbeitung diese Personen zurückgeführt werden.[542]

In diesem Zusammenhang ist ein weiteres Ergebnis von großer Bedeutung. Mit einem Pfadkoeffizienten von 0,2060 und einem t-Wert von 2,0416 konnte ein signifikanter Einfluss des Produktfits auf die Einstellung nachgewiesen werden. Insofern kann die Hypothese, dass der Produktfit einen positiven Einfluss auf die Einstellung gegenüber der Markenexpansion ausübt, bestätigt werden (H_2). Dieses Ergebnis deckt sich mit zahlreichen empirischen Studien der Markentransferforschung.[543] Ferner stellte sich heraus, dass bei Probanden mit einer hohen Vertrautheit mit der Muttermarke, der Produktfit einen stärkeren Einfluss auf die

[539] Vgl. Günther (2002), S. 51.
[540] Vgl. Kapitel 3.1.5.
[541] Vgl. Günther (2002), S. 53.
[542] Vgl. Spengel (2005), S. 103.
[543] Vgl. Reinstrom (2007), S. 35.

Einstellung nahm. Das heißt, je höher die Vertrautheit mit der Marke ist, desto stärker nimmt der Produktfit Einfluss auf die Einstellung gegenüber dem Transferprodukt. Das kann wiederum damit zusammenhängen, dass Personen mit einer hohen Markenvertrautheit die Produkte besser vergleichen können, da sie diese besser kennen. Bei Probanden mit einem hohen Produktkategorie-Involvement wurde ebenfalls ein stärkerer Einfluss des Produktfits auf die Einstellung gegenüber der Markenexpansion festgestellt. Der Grund für den stärkeren Einfluss kann die intensivere Auseinandersetzung dieser Probanden mit der Transferproduktkategorie sein. Vermutlich ist es für diese Konsumenten besonders wichtig, dass hinsichtlich der Produkte eine gewisse Ähnlichkeit besteht.

Ferner wies das Konstrukt Relevanz der transferierten Assoziationen mit einem Pfadkoeffizienten von 0,2900 (t-Wert: 3,1499) einen signifikanten, positiven Einfluss auf den Produktfit auf (H_8). Dieses Ergebnis bestätigt die Resultate einer Studie von *Broniarczyk/Alba* (1994), in der die Stärke der Verbindung der Assoziationen mit dem Transferprodukt ebenfalls positiv auf den Produktfit wirkte.[544] Dieses Ergebnis ist insofern schlüssig, als dass die Assoziationen der Konsumenten mit der Muttermarke die Wahrnehmung der Ähnlichkeit zwischen Transferprodukt und Muttermarke erleichtern. Durch die Berücksichtigung des indirekten Effektes erhöhte sich der Einfluss der Relevanz der transferierten Assoziationen auf die Einstellung von 0,4220 auf 0,4817. Darüber hinaus zeigt der Determinationskoeffizient R^2 in Höhe von 0,0844 jedoch, dass das Konstrukt Relevanz der transferierten Assoziationen das Konstrukt Produktfit sehr schlecht erklärt, so dass festgestellt werden kann, dass vermutlich andere Größen – die nicht im Modell enthalten sind – dieses Konstrukt beeinflussen. Dieses Ergebnis ist aufgrund der Berücksichtigung von nur einer auf das Konstrukt einwirkenden Größe nicht überraschend.

Ein weiterer starker Zusammenhang konnte zwischen der Herstellungskompetenz und der Einstellung gegenüber der Markenexpansion festgestellt werden. Mit einem Pfadkoeffizient von 0,267 (t-Wert: 3,4875) übt die beim Kunden wahrgenommene Herstellungkompetenz einen starken Einfluss auf die Einstellung aus. Somit kann die Hypothese bestätigt werden, dass die Einstellung gegenüber dem Transferprodukt umso positiver ist, je höher die wahrgenommene Herstellungkompetenz ist (H_6). Dieses Ergebnis untermauert die

[544] Vgl. Broniarczyk/Alba (1994), S. 221 ff.

empirischen Befunde hinsichtlich dieser Fit-Dimension.[545] Damit die Konsumenten eine positive Einstellung gegenüber dem Transferprodukt haben, müssen sie dem Unternehmen (hier *Esprit*) also zutrauen, auch Badmöbel herzustellen.

Kein signifikanter Einfluss auf die Einstellung konnte hingegen von der Qualitätsbeurteilung der Muttermarke (H_1), dem Produktkategorie-Fit (H_3) und dem Markenimage der Muttermarke (H_5) festgestellt werden. Des Weiteren konnte kein signifikanter Einfluss des Produktfits auf die Qualitätsbeurteilung der Muttermarke belegt werden (H_7). Im Gruppenvergleich konnte jedoch hinsichtlich des Einflusses der Qualitätsbeurteilung der Muttermarke auf die Einstellung ein signifikanter Effekt bei Probanden mit einem hohen Involvement festgestellt werden. Der Gruppenvergleich offenbarte allerdings keine Signfikanz der Differenz der Pfadkoeffizienten. Jedoch kann die Vermutung angestellt werden, dass für hoch involvierten Konsumenten die Qualität der Produkte besonders wichtig ist. [546] Da in der vorliegenden Studie der Anteil an Personen mit einem hohen Involvement gering war, sind über diesen Zusammenhang nur begrenzte Aussagen möglich. Bei der Produktkategorieähnlichkeit konnte im Gruppenvergleich ein signifikanter, negativer Einfluss auf die Einstellung bei Probanden mit einem hohen Produktkategorie-Involvement festgestellt werden. Dieses Ergebnis entbehrt jeglicher sinnvoller Interpretation. Dies stützt die Vermutung von *Günther* (2002), dass die globale Produktkategorie-Ähnlichkeit ein geringes diagnostisches Potential besitzt, da spezifische Assoziationen, auf denen das Ähnlichkeitsurteil beruht, nicht aufgedeckt werden können.[547] Trotz der Ablehnung von vier Hypothesen kann mit einem Determinationskoeffizient von 0,3962 die Einstellung durch die Einflussgrößen recht gut erklärt werden. Dennoch bedeutet dieses Ergebnis, das noch andere Größen existieren, die das Konstrukt erklären. Diese sind jedoch im Modell nicht enthalten.

Der postulierte Zusammenhang zwischen Einstellung und Kaufabsicht fand ebenfalls Bestätigung (H_9).[548] Somit kann die Hypothese, dass bei einer positiven Einstellung gegenüber der Markenexpansion auch die Kaufabsicht steigt, beibehalten werden. Die Kaufabsicht wird von der Einstellung zu 65,50 % erklärt. Auch diese Größe ist damit noch nicht vollständig erklärt. Im Rahmen der Gruppenvergleiche stellt sich heraus, dass der

[545] Vgl. Kapitel 3.1.7.
[546] Vgl. Kapitel 3.4.2.
[547] Vgl. Günther (2002), S. 46.
[548] Vgl. Fishbein/Aijzen (1975), S. 16; Trommsdorff (2004), S. 164.

Einfluss der Einstellung gegenüber dem Transferprodukt auf die Kaufabsicht stärker bei Probanden mit einer hohen Vertrautheit mit der Muttermarke und einem geringen Produktkategorie-Involvement ausfiel. Dies lässt die Vermutung zu, dass für diese Konsumenten die Marke ein entscheidendes Kaufkriterium darstellt.

Im zweiten Untersuchungsmodell wurde den Probanden vermittelt, dass *Esprit* für die Herstellung der Badmöbelkollektion mit dem Möbelhersteller *Ikea* kooperiert. Die Probanden sollten also davon ausgehen, dass die Badmöbel den Namen *Esprit home by Ikea* tragen, das heißt ein Co-Brand vorliegt. Wie auch im ersten Modell konnte die Relevanz der transferierten Assoziationen als direkt, positiv wirkende Einflussgröße der Einstellung gegenüber dem Co-Brand identifiziert werden. Ferner konnte der Einfluss der Relevanz der transferierten Assoziationen auf den Produktfit ebenfalls bestätigt werden. Des Weiteren wurde ein Einfluss des Konstruktes Ähnlichkeit der Images festgestellt (vgl. *Tabelle 51*).

Konstrukt	Direkte Effekte auf die Einstellung	Indirekte Effekte auf die Einstellung	Gesamteffekt auf die Einstellung
Ähnlichkeit Images	0,4190	-	0,4190
Relevanz Assoziationen	0,1850	-	0,1850

Tabelle 51: Gesamteffekte auf die Einstellung gegenüber dem Co-Brand

War das Konstrukt Relevanz der transferierten Assoziationen im ersten Modell noch der Erfolgsfaktor mit dem stärksten Einfluss auf die Einstellung (Pfadkoeffizient: 0,4220), nahm der Einfluss in dem zweiten Untersuchungsmodell ab (Pfadkoeffizient: 0,1850). Die Hypothese, dass die mit der Muttermarke verbundenen Assoziationen in der Transferproduktkategorie von Relevanz sind, kann dennoch ebenfalls bestätigt werden (H_4).

Wie im ersten Modell konnte ebenfalls ein signifikanter Einfluss des Konstruktes Relevanz der transferierten Assoziationen auf den Produktfit festgestellt werden (H_8). Auch hier war der Determinationskoeffizient R^2 mit 0,0589 sehr gering, so dass ebenfalls vermutete werden kann, dass noch andere Größen existieren, die den Produktfit determinieren. Im Gegensatz zum ersten Modell konnte jedoch kein signifikanter Einfluss des Produktfits auf die Einstellung gegenüber der Markenexpansion festgestellt werden (H_2), so dass kein signifikanter indirekter Effekt des Konstruktes Relevanz der transferierten Assoziationen existiert. Anders als bei einer Markenlizenzierung wird dem Produktfit bei der Beurteilung des Co-Brand-Produktes also keine Bedeutung zugemessen. Ein möglicher Grund ist darin zu sehen, dass bei einer Co-Branding-Strategie eher ein Vergleich zwischen den beteiligten Marken als ein Vergleich zwischen den Produkten stattfindet.[549] Diese Annahme deckt sich mit dem Ergebnis, dass der stärkste Einfluss auf das Kernkonstrukt Einstellung mit einem Pfadkoeffizienten von 0,4190 (t-Wert: 3,4875) von dem Konstrukt Ähnlichkeit der Images (Markenfit) ausging (H_{6b}). Das bedeutet, dass die Einstellung gegenüber der Co-Brand umso positiver ausfällt, je höher die wahrgenommene Ähnlichkeit der Images ist. Dieses Ergebnis entspricht den Ergebnissen einer Untersuchung von *Simonin/Ruth* (1998). Auch hier konnte ein positiver Zusammenhang zwischen dem Markenfit und der Co-Brand-Einstellung konstatiert werden.[550] Bei der Beurteilung eines Co-Brands ist folglich von besonderer Relevanz, inwiefern zwischen den kooperierenden Marken ein imagemäßiger Zusammenhang hergestellt werden kann.[551] Ferner stellte sich heraus, dass dieser Effekt besonders stark bei Probanden mit einer geringen Markenvertrautheit ausfiel. Das bedeutet, dass für diejenigen, die eine geringe Markenvertrautheit aufweisen, die Ähnlichkeit zwischen den Images der kooperierenden Marken für die Einstellungsbildung übermäßig wichtig ist. Ebenso konnte bei Probanden mit einem hohen Produktkategorie-Involvement ein stärkerer Einfluss des Markenfits auf die Einstellung im Vergleich zu niedrig involvierten Konsumenten festgestellt werden.

Im Unterschied zum ersten Modell konnte, wie bereits erwähnt, kein signifikanter Einfluss des Produktfits (H_2) auf die Einstellung nachgewiesen werden. Ferner konnte ebenfalls kein Einfluss von der Qualitätsbeurteilung der Muttermarke (H_1), dem Produktkategorie-Fit (H_3) und dem Muttermarkenimage (H_5) auf die Einstellung bestätigt werden. In Bezug auf den Co-Brand ist anzunehmen, dass diese Einflussgrößen für die Beurteilung deshalb irrelevant sind, weil ein Kooperationspartner die Möbel herstellt. Überraschend ist in dem Zusammenhang das Ergebnis, dass das Image des Kooperationspartners (H_{6a}) für die Beurteilung des Co-Brand nicht relevant ist. Diese Hypothese musste für das Gesamtmodell abgelehnt werden. Bei den Gruppenvergleichen stellte sich jedoch heraus, dass das Image des Möbelherstellers für hoch involvierte Probanden einen signifikanten Einfluss ausübt. Das lässt vermuten, dass für die hoch involvierten Probanden das Image des Möbelherstellers wichtig ist. Die Differenz der Pfadkoeffizienten zwischen den Gruppen stellte sich allerdings als nicht signifikant heraus.

---

549 Vgl. Baumgarth (2003), S. 225.
550 Vgl. Simonin/Ruth (1998), S. 39.
551 Vgl. Kapitel 3.2.2.

Im Totalmodell konnte ferner kein signifikanter Einfluss der wahrgenommenen Ähnlichkeit der Qualitäten auf die Einstellung nachgewiesen werden (H_{6c}). Wie bereits in Kapitel 3.2.3 erläutert, lässt der aktuelle Forschungsstand keine konkreten Aussagen darüber zu, ob ein geringer Qualitäts-Fit durch andere Fit-Dimensionen kompensiert wird.[552] Aus der vorliegenden Untersuchung lässt sich schließen, dass dem Qualitäts-Fit keine Bedeutung bei der Bildung der Einstellung gegenüber dem Co-Brand zukommt.

Das Kernkonstrukt Einstellung konnte im zweiten Modell zu 40,64 % erklärt werden. Daher müssen – wie auch im ersten Modell – noch andere Größen existieren, die das Konstrukt erklären, die jedoch nicht im Modell enthalten waren. Weiterhin wurde der postulierte Zusammenhang zwischen der Einstellung gegenüber dem Co-Brand und der Kaufabsicht bestätigt (H_9). Analog zum ersten Modell offenbarte der Gruppenvergleich einen stärkeren Einfluss der Einstellung auf die Kaufabsicht bei Probanden mit einem hohen Produktkategorie-Involvement und einer hohen Markenvertrautheit. *Huber* (2007) kam in diesem Zusammenhang zu dem Ergebnis, dass eine direkt positive Wirkung vom Involvement auf das Kaufverhalten des Co-Brands besteht. Die Ursache hierfür sieht er in dem Bedürfnis der hoch involvierten Konsumenten, neue Produkte, in der für sie relevanten Produktkategorie, ausprobieren zu wollen.[553] Aus dem Determinationskoeffizient R^2 in Höhe von 0,4284 lässt sich schließen, dass das Konstrukt Kaufabsicht nicht vollständig durch die Einstellung gegenüber der Markenexpansion erklärt wird. Zusammenfassend bedeuten die Ergebnisse der Studie, dass für die Beurteilung eines Co-Brands für die Konsumenten nicht der Produkt-, Produktkategorie- und Qualitätsfit oder das Markenimage des Kooperationspartners von Bedeutung sind, sondern es wichtig ist, ob die Images der Kooperationspartner zusammenpassen und ob die Assoziationen, welche die Konsumenten mit den Marken verbinden, auch auf das neue Produkt beziehungsweise die neue Produktkategorie übertragbar sind.

Zusammenfassend kann konstatiert werden, dass die Markenverantwortlichen bei der Wahl der Neuproduktstrategie bei einer Lizenzierungsstrategie ganz andere Aspekte betonen müssen als bei einer Co-Branding-Strategie. Daher sollen im nachfolgenden Kapitel aus den vorgestellten Ergebnissen Implikationen für die Marketingpraxis abgeleitet werden.

---

[552] Vgl. Reinstrom (2007), S. 4.
[553] Vgl. Huber (2007), S. 196.

4.7 Implikationen für die Marketingpraxis und -forschung

4.7.1 Implikationen für die Marketingpraxis

Wie in Kapitel 2 erläutert, bringt die Kooperation mit einem anderen Unternehmen – unabhängig davon, um welche Art von Kooperation es sich handelt – sowohl Chancen als auch Risiken mit sich. Eine Vielzahl gescheiterter Dehnungsversuche zeigt, dass es für den Erfolg eines neuen Produktes nicht ausreicht, dieses einfach mit einer oder mehrerer der etablierten Markennamen zu versehen.[554] Vor dem Hintergrund, dass sich die bisherige Forschung primär mit Erfolgsfaktoren von Markentransfers im Bereich kurzlebiger Konsumgüter beschäftigt hat, galt es in der vorliegenden Untersuchung im Bereich langlebiger Konsumgüter zu forschen. Ziel der vorliegenden Untersuchung war es, herauszufinden, welche spezifischen Einflussfaktoren – in Abhängigkeit von der Wahl der Strategie – auf die Beurteilung einer Markenexpansion in diesem Bereich wirken. Die Ergebnisse der Studie erlauben es, Implikationen beziehungsweise Handlungsempfehlungen für die Marketingpraxis abzuleiten.

Im ersten Modell übt die Relevanz der transferierten Assoziationen den stärksten Einfluss auf die Einstellung gegenüber dem Transferprodukt aus. Aus diesem Grund sollte ein Unternehmen bei der Wahl der Transferproduktkategorie den Assoziationen hinsichtlich der Muttermarke besondere Beachtung schenken. Denn das Dehnungspotenzial einer Marke ist abhängig von der von den Probanden wahrgenommenen Relevanz der Assoziationen für eine neue Produktkategorie. Dabei sollte das Produkt und die Marke niemals losgelöst voneinander betrachtet werden. Gegenstand der Dehnungsanalyse sollte daher die Produkt-Marken-Bindung sein.[555] Wie in Kapitel 2.4.1 erläutert wurde, weisen Marken, die über das Produktschema hinausgehende Produktattribute verfügen, ein größeres Erweiterungspotenzial auf.[556] Insbesondere Marken, die ein nutzengeprägtes beziehungsweise emotionales – und weniger ein produktgeprägtes – Image aufweisen, verfügen über ein erhöhtes Potenzial.[557] Vermutlich liegt die Ursache für den Erfolg der Designermodemarken im Möbelbereich darin, dass die Möbel an deren exklusivem Image partizipieren.[558] Dies bestätigt auch eine Studie von *Park/Milberg/Lawson* (1991), nach der ein Prestigemarkenkonzept ein großes Potenzial aufweist, um die Marke in unähnliche Produktkategorien auszudehnen.[559] Damit ist es vielen

[554] Vgl. Volkmann/Tarlatt/Steinbiß (2007), S. 14.
[555] Vgl. Volkmann/Tarlatt/Steinbiß (2007), S. 15.
[556] Vgl. Esch et al. (2005), S. 922.
[557] Vgl. Esch (2003), S. 295.
[558] Vgl. Volkmann/Tarlatt/Steinbiß (2007), S. 15.
[559] Vgl. Park/Milberg/Lawson (1991), S. 185 ff.

Designermarken gelungen, eine sehr breite Produktpalette unter einem Markendach erfolgreich zu vereinen.

Modemarken, wie die Marke *Esprit,* besitzen dieses exklusive Image nicht. Jedoch besteht der Vorteil von Modemarken vor allem darin, dass sie ein bestimmtes Lebensgefühl vermitteln. Dabei handelt es sich um Assoziationen, die auch in anderen Produktkategorien relevant sein können und daher nicht nur auf eine Produktkategorie beschränkt sind. In der Studie stellte sich heraus, dass speziell für die Konsumenten mit einem geringen Produktkategorie-Involvement die Assoziationen besonders wichtig waren. Dieses Ergebnis deckt sich mit der Marketing-Literatur; insbesondere wenn das Involvement gering ist, werden die Kaufentscheidungen häufig allein auf Basis der transferierten Assoziationen getroffen.[560] Das bedeutet, dass die Modemarken angehalten sind, besonders darauf zu achten, dass die Konsumenten eine assoziative Verknüpfung zwischen den Möbeln und der Marke herstellen können. Bezogen auf Home Collection von *Esprit* könnte sich dies allerdings schwieriger gestalten, da der Modekonzern klar zwischen Möbeln und Mode unterscheidet. Auf der Homepage werden unter der Kategorie *home* ausschließlich Wohnaccessoires angeboten; auf die Möbel wird nicht aufmerksam gemacht.

Ein weiterer Gesichtspunkt, der sich im Rahmen der Untersuchung als nicht zu unterschätzender Erfolgsfaktor herausstellte, ist die vom Konsumenten wahrgenommene Kompetenz der Modemarke, auch Badmöbel herzustellen. Wie die Studie zeigt, ist die Herstellungskompetenz besonders bei Konsumenten mit einem hohen Produktkategorie-Involvement von Relevanz. Auf der Firmenhomepage des Modekonzerns *Esprit* kann sich der Verbraucher zwar über die Lizenznehmer beziehungsweise die Hersteller der Möbel informieren, aufgrund der Ergebnisse der Studie wäre es dem Unternehmen jedoch angeraten, die Zusammenarbeit mit den Unternehmen stärker zu kommunizieren oder gar ein Co-Branding anzustreben. Denn so würden die Möbel eventuell auch für Käufer, die der Marke *Esprit* eine geringe Herstellungskompetenz zutrauen aber am Design der Möbel Gefallen finden, interessant werden.

Als letzter Einflussfaktor für die Beurteilung eines Transferproduktes im Rahmen der Markenlizenzierungsstrategie wurde in der vorliegenden Studie der Produktfit identifiziert. Das bedeutet, dass das Unternehmen bei der Wahl neuer Produkte darauf achten sollte, dass sich

---

[560] Vgl. Kapitel 3.4.2.

die bisherigen und die neuen Produkte möglichst ergänzen beziehungsweise die Konsumenten diese als zueinander passend empfinden. In diesem Zusammenhang gewinnt die Relevanz der Muttermarken-Assoziationen für die Transferproduktkategorie an Bedeutung. Denn kann der Konsument eine assoziative Verknüpfung zwischen den beiden Kategorien herstellen, nimmt er auch eine Ähnlichkeit der Produkte wahr. Die Studie zeigt, dass dieser Erfolgsfaktor speziell bei Kunden mit einer hohen Markenvertrautheit besonders wichtig ist. Ebenfalls von großer Bedeutung ist dieser Faktor für Kunden mit einem hohen Produktkategorie-Involvement.

Die zweite Studie zeigt, dass die Relevanz der transferierten Muttermarken-Assoziationen bei der Beurteilung eines Co-Brand nicht mehr den stärksten Einfluss auf die Einstellung ausübt. Dieser Einflussfaktor sollte jedoch nicht unberücksichtigt bleiben, da die Muttermarken-Assoziationen bei Konsumenten mit einem geringen Produktkategorie-Involvement für die Kaufentscheidung von großer Bedeutung sind. Das bedeutet, dass es auch bei dieser Strategie wichtig ist, dass die Assoziationen mit der Marke über ein entsprechendes Dehnungspotenzial verfügen.

Den größten Einfluss auf die Einstellung gegenüber einem Co-Brand-Produkt nimmt allerdings die vom Konsumenten wahrgenommene Ähnlichkeit der Images (Markenfit) ein. Folglich sollte bei einer Co-Branding-Strategie das Hauptaugenmerk auf die Wahl des Kooperationspartners gelegt werden. Denn die Beurteilung des Co-Brands ist in hohem Maße davon abhängig, wie gut die Marken aus Sicht der Konsumenten imagemäßig zusammenpassen. Demnach ist es für die Konsumenten weniger wichtig, ob die Produkte einer Marke, sondern wie die Marken zueinander passen.[561] Wie bereits in Kapitel 2.3.2 erläutert, besteht bei Unstimmigkeit der Images der kooperierenden Marken die Gefahr der Erosion der Markenimages.[562] Wie die vorliegende Untersuchung zeigt, wirkt sich der Markenfit vor allem bei hoch involvierten Konsumenten und bei Konsumenten mit einer geringen Markenvertrautheit, besonders stark auf die Beurteilung der Co-Brand aus.

Vor dem Hintergrund dieser Ergebnisse stellt sich die Frage, welche Strategie für Modemarken wie *Esprit* im Möbelbereich die sinnvollere ist. Beide Branchen sind sehr trendbezogen und sich damit recht ähnlich. Ferner können Möbel insofern eine sinnvolle Ergänzung zur

[561] Vgl. Baumgarth (2000), S. 17 ff.; Spengel (2005), S. 106.
[562] Vgl. Ohlwein/Schiele (1994), S. 577.

Mode sein, als dass auch diese einen bestimmten Lebensstil ausdrücken. Dass dieser Aspekt ein entscheidender Erfolgsfaktor ist, kann man an dem Erfolg der Möbel der Luxusmarken sehen. Jedoch zeigen empirische Studien, dass Luxusmarken tendenziell in einem geringeren Ausmaß auf eine Ähnlichkeit der Produktkategorien zwischen der Stammmarke und dem Transferprodukt angewiesen sind als klassische Marken.[563] So kann davon ausgegangen werden kann, dass bei einer Modemarke wie *Esprit* andere beziehungsweise zusätzliche Einflussfaktoren berücksichtigt werden müssen.

In der vorliegenden Untersuchung stellte sich heraus, dass die von den Konsumenten wahrgenommene Herstellungskompetenz eine nicht zu unterschätzende Einflussgröße darstellte. Das bedeutet, dass in diesem Segment nicht allein die Assoziationen beziehungsweise die Vermittlung einen bestimmten Lebensstils für eine positive Einstellung gegenüber einem Möbelstück der Marke ausreichen. Dass die Hersteller der Möbel nicht offen kommunizieren werden, kann jedoch auch damit zusammenhängen, dass nur wenige Möbelhersteller existieren, die den Konsumenten – die sich mit Badmöbeln nicht auskennen – bekannt sind. Der Grund, weshalb Luxuslabels auf diesem Markt so erfolgreich sind, liegt vermutlich darin, dass für die Konsumenten im Luxus-Segment das Design der Möbel beziehungsweise die Marke und der Prestigeaspekt im Vordergrund steht und weniger der Hersteller. Jedoch ist anzunehmen, dass die Strategien der Luxusmarken nicht einfach auf Marken wie *Esprit* übertragen werden können.

Auf Basis der Erkenntnisse dieser Studie wäre es den Modemarken angeraten, den Hersteller offen zu kommunizieren beziehungsweise eine Co-Branding-Strategie einzugehen. Zwar werden sich hoch involvierte Konsumenten diese Informationen beschaffen, jedoch würde ein Hinweis auf die Kooperation dem Konsumenten die Beurteilung des Möbelstücks erleichtern und somit den Designaspekt beziehungsweise die Marke und deren spezifische Assoziationen in den Vordergrund rücken. Vor dem Hintergrund, dass immer mehr Modemarken den Möbelmarkt für sich entdecken, ist eine klare Positionierung unumgänglich. Ein Aspekt könnte dabei sein, mit einem guten Hersteller zu kooperieren, der auch Nicht-Kunden der Mode vermittelt, einen guten Kauf mit den Möbeln zu tätigen. Wie die Studie zeigt, ist es bei einer solchen Kooperation jedoch wichtig, dass die kooperierenden Unternehmen imagemäßig zusammen passen. Unternehmen sollten also bei der Durchführung von Markenexpansionen

563 Vgl. Totzek/Herrmann (2008), S. 269.

nicht einfach blind Lizenzen vergeben, sondern vielmehr von Fall zu Fall entscheiden, welche Strategie die sinnvollere ist. Zu beachten ist ferner, dass es auch bei der Markenlizenzierungsstrategie zu negativen Rückwirkungen auf die Muttermarke kommen kann, wenn der Markenhersteller mit einem falschen Partner kooperiert und die Kooperation bekannt wird.

4.7.2 Implikationen für die Marketingforschung

Wegen der Komplexität des Themas waren der vorliegenden Studie inhaltliche Grenzen gesetzt. Diese Einschränkungen bilden erste Ansatzpunkte für zukünftige Forschungsaktivitäten auf diesem Gebiet. Daher werden im Folgenden Ansatzpunkte aufgezeigt, die sich für weitere Studien eignen. Im Mittelpunkt der Betrachtung standen in der vorliegenden Studie die Markenlizenzierungsstrategie und die Co-Branding-Strategie. Zahlreiche Studien haben sich in den letzten Jahren mit den Erfolgsfaktoren beider Strategien beschäftigt. Mit der Markenlizenzierung – als einer Form des Markentransfers – und ihren spezifischen Rückwirkungen auf die Muttermarke, haben sich jedoch bis heute nur wenige Studien beschäftigt. Vorwiegend wird das Thema der Markenlizenzierung juristisch behandelt.[564] Auch im Rahmen dieser Untersuchung konnten markenlizenzspezifische Rückwirkungen auf die Muttermarke nicht untersucht werden. Nach *Ludewig* (2006) müssen bei der Markenlizenzierung jedoch zusätzlich noch spezifische Wirkungen Berücksichtigung finden, die nicht mit dem eigentlichen Markentransfer, sondern mit der konkreten Lizenzsituation zusammenhängen. Denn wenn Konsumenten um die Lizenz-situation wissen, kann dies sowohl positive als auch negative Auswirkungen haben. Eine positive Wirkung kann beispielsweise aus der Kooperation mit einem kompetenten Hersteller in einer bestimmten Produktkategorie resultieren. Negative Rückwirkungen können sich aus einer Zusammenarbeit mit einem unbekannten beziehungsweise schlechten Hersteller ergeben.[565] Hinsichtlich dieser lizenzspezifischen Wirkungen besteht daher noch Forschungsbedarf.

Im vorherigen Kapitel wurde bereits erwähnt, dass bei Luxusmarken andere Rahmenbedingungen gelten als bei klassischen Modemarken. Daher besteht Bedarf an Informationen darüber, inwiefern der Aspekt der Herstellungskompetenz im Luxussegment überhaupt von Relevanz ist. Im Rahmen dieser Studie konnte lediglich die Vermutung angestellt werden, dass dieser Faktor im Luxussegment keine erhebliche Bedeutung hat. Mit der Markenlizenzierungsstrategie und der Co-Branding-Strategie, wurden zwei unterschiedliche Möglichkeiten

[564] Vgl. Kutz (2000), S. 7; Ludewig (2006), S. 6.
[565] Vgl. Ludewig (2006), S. 182.

der Übertragung eines bereits etablierten Markennamens berücksichtigt. Ferner wurde ein Sub-Branding in der Form berücksichtigt, da die Möbel der Marke *Esprit* noch die Zusatzbezeichnung *home* trugen. Interessant wäre es in diesem Zusammenhang zu analysieren, welche Auswirkung dieser Zusatz auf die Wahrnehmung und Beurteilung des neuen Produktes hat.[566] Die Stichprobe für beide Studien bestand hauptsächlich aus Studenten und Personen zwischen 20 und 30 Jahren. Daher besteht noch Forschungsbedarf hinsichtlich Nicht-Studenten und älteren Probanden. Für Unternehmen könnte dies von besonderem Interesse sein, da diese Konsumenten die zahlungskräftigere Bevölkerungsgruppe darstellt, die sich eventuell schon aktiv mit dem Kauf eines Badezimmers beschäftigt hat. Dies wäre auch insofern von Bedeutung, als dass der Modekonzern *Esprit* seine Zielgruppe für die Home Collection im Alter zwischen 25 und 40 Jahren sieht.[567] Ebenfalls interessante Ergebnisse könnte die Ausweitung der Stichprobe auf Personen mit einem hohen Produktkategorie-Involvement geben.

Aufgrund des Umfanges konnten in der vorliegenden Studie nicht alle in der Literatur und Forschung genannten potenziellen Einflussfaktoren berücksichtigt werden. Dass auch in diesem Zusammenhang noch Forschungsbedarf besteht, erkennt man allein schon daran, dass das Kernkonstrukt Einstellung gegenüber der Markenexpansion nur teilweise erklärt werden konnte.

[566] Auch *Keller* und *Aaker* beschäftigten sich mit Namenszusätzen, die einen Hinweis auf Produkteigenschaften gaben, vgl. Keller/Aaker (1992).

[567] Vgl. o. V. (2008c).

5 SCHLUSSBETRACHTUNG

Modemarken entdecken zunehmend den Möbelmarkt als lukratives Zusatzgeschäftsfeld. Luxusmarken wie *Armani* führten bereits vor, wie die Produktkategorien Mode und Möbel erfolgreich verknüpft werden können. Vor diesem Hintergrund bestand das Ziel der Studie darin, verschiedene Markenexpansionsstrategien sowie deren spezifische Auswirkung auf die Einstellung gegenüber dem neuen Produkt und dessen Kaufabsicht zu analysieren. Ferner sollten Erfolgsfaktoren der jeweiligen Strategien identifiziert werden, um darauf aufbauend Implikationen für die Praxis und Forschung ableiten zu können. Als relevante Strategien wurden zum einen die Markenlizenzierungsstrategie und zum anderen die Co-Branding-Strategie untersucht.

Um die spezifischen Einflussfaktoren für beide Strategien analysieren zu können, wurden zwei Untersuchungsmodelle aufgestellt. Für die Markenlizenzierungsstrategie sind dabei drei wesentliche Einflussfaktoren auf die Einstellung gegenüber einer Markenexpansion beziehungsweise der Kaufabsicht identifiziert worden. Es stellte sich heraus, dass die Relevanz der Muttermarken-Assoziationen für die Transferproduktkategorie, der Produktfit sowie die wahrgenommene Herstellungskompetenz den größten Einfluss auf die Einstellung gegenüber einer Markenexpansion ausüben. Bei der Co-Branding-Strategie hingegen war der Produktfit nicht von Relevanz für die Einstellung gegenüber dem Co-Brand. Die Assoziationen der Muttermarke übten zwar auch einen Einfluss auch die Beurteilung aus, jedoch war dieser Einfluss nicht mehr so stark wie bei der Markenlizenzierungsstrategie. Den stärksten Einfluss übte hingegen der Markenfit aus, also die vom Konsumenten wahrgenommene imagemäßige Ähnlichkeit zwischen den Kooperationspartnern.

Da bei der Markenlizenzierungsstrategie offenbar die Herstellungskompetenz einen wesentlicher Einflussfaktor darstellt, ist Marken wie *Esprit* anzuraten, diesen Faktor mehr zu betonen - sei es in Form eines Co-Brandings oder einer offenen, gezielten Kommunikation der Kooperation. Vor dem Hintergrund, dass immer mehr Modemarken – auch aus dem Niedrigpreissegment – diesen Markt für sich entdecken beziehungsweise schon entdeckt haben, sind Unternehmen wie *Esprit* angehalten, sich rechtzeitig klar zu positionieren. Zahlreiche Studien haben sich in den letzten Jahren mit den Erfolgsfaktoren beider Strategien beschäftigt. Jedoch analysierte der Großteil dieser Studien nur die Erfolgsfaktoren im Bereich kurzlebiger Konsumgüter, während für langlebige Konsumgüter noch Forschungsbedarf besteht. Die vorliegende Untersuchung stellt in diesem Zusammenhang eine geeignete Grundlage für weiterer Untersuchungen dar.

LITERATURVERZEICHNIS

Aaker, David A. (1992): Management des Markenwertes, Frankfurt am Main et al.

Aaker, David A. (1991): Managing Brand Equity: Capitalizing of the Value of a Brand Name, New York.

Aaker, David A. (1990): Brand Extensions: The Good, the Bad and the Ugly, in: Sloan Management Review, Vol. 31, No. 4, pp. 47-56.

Aaker, David A.; Keller, Kevin L. (1990): Consumer Evaluations of Brand Extensions, in: Journal of Marketing, Vol. 54, No. 1, pp. 27-41.

Ajzen, Icek (2002): Attitudes, in: Fernàndez-Ballesteros, Rocio (Hrsg.), Encyclopedia of Psychological Assessment, London, S. 110-115.

Ajzen, Icek; Fishbein, Martin (1972): Attitudes and Normative Beliefs as Factors Influencing Behavioral Intentions, in: Journal of Personality and Social Psychology, Vol. 21, No. 1, pp. 1-9.

Alba, Joseph W.; Hutchinson, Wesley J. (1987): Dimensions of Consumer Expertise, in: Journal of Marketing Research, Vol. 13, No. 4, pp. 411-454.

Albers, Sönke; Hildebrandt, Lutz (2006): Methodische Probleme bei der Erfolgsfaktorenforschung – Messfehler, formative versus reflektive Indikatoren und die Wahl des Strukturgleichungsmodells, in: Schmalenbachs Zeitschrift für betriebswirtschaftliche Forschung, Vol. 58, Heft 2, S. 2-33.

Alreck, Pamela L.; Settle, Robert B. (1995): The Survey Research Handbook, 2. Auflage, Chicago et al.

Anderson, Norman Henry; Shanteau, J.C. (1970): Information Integration in Risky Decision Making, in: Journal of Experimental Psychology, S. 441-451.

Anderson, Norman Henry (1989): Foundations of Information Integration Theory, New York.

Anderson, Norman Henry (1981): Information Integration Theory, New York et al.

Andresen, Thomas; Nickel, Oliver (2005): Führung von Dachmarken, in: Esch, Franz-Rudolf (Hrsg.): Moderne Markenführung, 4. Auflage, S. 765-796.

Backhaus, Klaus; Erichson, Bernd; Plinke, Wulff; Weiber, Rolf (2003): Multivariate Analysemethoden: Eine anwendungsorientierte Einführung, 10. Auflage, Berlin et al.

Backhaus, Klaus (1995): Investitionsgütermarketing, 3. Auflage, München.

Balderjahn, Ingo; Scholderer, Joachim (2007): Konsumentenverhalten im Marketing: Grundlagen für Strategien und Maßnahmen, Stuttgart.

Balling, Richard (2007): Kooperation: strategische Allianzen, Netzwerke, Joint Ventures und anderen Organisationsformen zwischenbetrieblicher Zusammenarbeit in Theorie und Praxis, Frankfurt am Main et al.

Bartlett, Frederic C. (1932): Remembering: A Study in Experimental and Social Psychology, New York/London.

Batinic, Bernad (2001): Datenqualität bei internetbasierten Befragungen, in: Theobald, Axel; Dreyer, Marcus; Starsetzki, Thomas (Hrsg.): Online-Marktforschung: theoretische Grundlagen und praktische Erfahrungen. Wiesbaden, S. 115-132.

Batra, Rajeev; Stephens, Debra (1994): Attitudinal Effects of Ad-Evoked Moods and Emotions: The Moderating Role of Motivation, in: Psychology & Marketing, Vol. 11, No. 3, pp. 199-215.

Bauer, Hans H.; Wölfer, Hannes (2001): Möglichkeiten und Grenzen der Online-Marktforschung, Universität Mannheim.

Baumgarth, Carsten (2008): Markenpolitik: Markenwirkungen - Markenführung - Markencontrolling, 3. Auflage, Wiesbaden.

Baumgarth, Carsten (2004): Co-Branding, in: Bruhn, Manfred (Hrsg.): Handbuch für Markenführung, 2. Auflage, Wiesbaden, S. 237-259.

Baumgarth, Carsten (2003): Wirkungen des Co-Brandings. Ergebnisse durch Mastertechnikpluralismus, Wiesbaden.

Baumgarth, Carsten; Vetter, Ingo (2003): Zweisamkeit der Markenpolitik, in: Markenartikel, 65. Jg., Heft 2, S. 26-29.

Baumgarth, Carsten (2000): Fit und Anordnungseffekte bei Co-Branding – Ergebnisse eines Laborexperiments, Arbeitspapier des Lehrstuhls für Marketing Universität Siegen.

Baumgartner, Hans; Homburg, Christian (1996): Applications of Structural Equation Modeling in Marketing and Consumer Research: A Review, in: International Journal of Research in Marketing, Vol. 13, No. 2, pp.139-161.

Bettmann, James; Capon, Noel; Lutz, Richard J. (1975): Cognitive Algebra in Multi-Attribute Attitude Models, in: Journal of Marketing Research, Vol. 12, No. 2, pp.151-164.

Bhat Sobodh; Reddy, Srinivas K. (2001): The Impact of Parent Brand Attribute Associations and Affect on Brand Extension Evaluation, in: Journal of Business Research, Vol. 53, pp. 111-122.

Binder, Christof U. (2005): Lizenzierung von Marken, in: Esch, Franz-Rudolf (Hrsg.): Moderne Markenführung - Grundlagen, Innovative Ansätze und praktische Umsetzungen, 4. Auflage, Wiesbaden, S. 523-548.

Binder, Christof U. (2001): Lizenzierung von Marken, in: Esch, Franz-Rudolf (Hrsg.): Moderne Markenführung - Grundlagen, Innovative Ansätze und praktische Umsetzungen, 3. Auflage, Wiesbaden, S. 385-411.

Binder, Christof U. (1997): Die Lizenzierung von Marken, in: Hauser, Ulrich (Hrsg.): Erfolgreiches Markenmanagement: Vom Wert einer Marke, ihre Stärkung und Erhaltung, Wiesbaden, S. 179-198.

Binder, Christof U. (1996): Brand Alliance, in: Absatzwirtschaft, 39. Jg., Heft 4, S. 54-63.

Binsack, Margit (2003): Akzeptanz neuer Produkte: Vorwissen als Determinante des Innovationserfolgs, Wiesbaden.

Birnbaum, Michael H. (1982): Controversies in Psychological Measurement, in: Wegener, Bernd (Hrsg.): Social Attitudes and Psychophysical Measurement, Hillsdale, S. 401-485.

Blackett, Tom; Russel, Nick (1999): What is Co-Branding, in: Blackett, Tom; Board, Robert W. (Hrsg.): Co-Branding – The Science of Alliance, Houndmills, S. 1-21.

Böll, Karin (1999): Merchandising und Licensing: Grundlagen – Beispiele – Management, München.

Böll, Karin (1996): Merchandising: die neue Dimension der Verflechtung zwischen Medien und Industrie, München, 1995.

Bollen, Kenneth A. (1989): Structural Equations with Latent Variables, New York.

Boush, David M. (2005): Marken als Kategorien, in: Esch, Franz-Rudolf (Hrsg.): Moderne Markenführung, 4. Auflage, Wiesbaden, S. 809-824.

Boush, David M. (1993): Brands as Categories, in: Aaker, David A.; Biel, Alexander L. (Hrsg.): Brand Equity & Advertising: Advertising`s Role in Building Strong Brands, Hillsdale et al., S. 299-312.

Boush, David M.; Loken, Barbara (1991): A Process-Tracing Study of Brand Extension Evaluation, in: Journal of Marketing Research, 28. Jg., No. 1, pp. 16-28.

Boush, David M.; Shipp, Shannon; Loken, Barbara (1987): Affect Generalization to Similar and Dissimilar Brand Extensions, in: Psychology & Marketing, Vol. 4, No. 3, pp. 225-237.

Bottomley, Paul A.; Holden, Stephen J. S. (2001): Do We Really Know How Consumers Evaluate Brand Extensions? Empirical Generalizations Based on Secondary Analysis of Eight Studies, in: Journal of Marketing Research, Vol. 38, No. 4, pp. 494-500.

Bottomley, Paul A.; Doyle, John R. (1996): The Formation of Attitudes Towards Brand Extensions: Testing and Generalising Aaker and Keller`s Model, in: International Journal of Research in Marketing, Vol. 13, No. 4, pp. 365-377.

Braitmayer, Oliver (1998): Die Lizenzierung von Marken: Eine entscheidungs- und transaktionskostentheoretische Analyse, Frankfurt am Main.

Bridges, Sheri; Keller, K. L.; Sood, S. (2000): Communication Strategies for Brand Extensions: Enhancing Perceived Fit by Establishing Explanatory Links, in: Journal of Advertising, Vol. 29, No. 4, pp.1-11.

Bridges, Sheri (1990): A Schema Unification Model of Brand Extensions, Stanford University.

Broniarczyk, Susan M.; Alba, Joseph W. (1994): The Importance of the Brand in Brand Extension, in: Journal of Marketing Research, Vol. 31, No. 2, pp. 214-228.

Bruhn, Manfred; Homburg, Christian (2001): Gabler Lexikon Marketing, 1. Auflage, Wiesbaden.

Bühling, Jochen (1999): Die Markenlizenz und ihre vertragliche Gestaltung, Köln.

Cassel, Claes; Hackl, Peter; Westlund, Anders H. (1999): Robustness of Partial Least-Squares Method for Estimating Latent Variable Quality Structures, in: Journal of Applied Statistics, Vol. 26, No. 4, pp. 435-446.

Chakravarti, Dipankar; MacInnis, Deborah J.; Nakamoto, Kent (1990): Product Category Perception, Elaborative Processing and Brand Name Extension Strategies, in: Advances in Consumer Research, Vol. 17, No. 1, pp. 910-916.

Chen, Arthur C.-H. (2001): Using Free Associations to Examine the Relationship Between Characteristics of Brand Associations and Brand Equity, in: Journal of Product & Brand Management, Vol. 8, No. 7, pp. 439-451.

Chin, Wynne W. (2000): Frequency Asked Questions – PLS and PLS Graph, http://disc-nt.cba.uh.edu/chin/plsfaq/plsfaq.htm, letzter Abruf: 31. Juli 2008.

Chin, Wynne W.; Newsted, Paul R. (1999): Structural Equation Modeling Analysis with Small Samples Using Partial Least Square, in: Hoyle, Riek H. (Hrsg.): Statistical Strategies for Small Sample Research, Thousand Oaks (USA), S. 308-341.

Chin, Wynne W. (1998): The Partial Least Squares Approach to Structural Equitation Modeling, in: Marcoulides, George A. (Hrsg.): Modern Methods for Business Research, Mahwah, New York, S. 295-336.

Cohen, Joel B.; Basu, Kunal (1987): Alternative Models of Categorization: Toward a Contingent Processing Framework, in: Journal of Consumer Research, Vol. 13, No. 4, pp. 455-472.

Dacin, Peter A.; Smith, Daniel C. (1994): The Effects of Brand Portfolio Characteristics on Consumer Evaluations of New Brand Extensions, in: Journal of Marketing Research, Vol. 31, No. 2, pp. 229-242.

Dawar, Niraj; Anderson, Paul F. (1994): The Effects of Order and Direction on Multiple Brand Extensions, in: Journal of Business Research, Vol. 30, No. 2, pp. 119-130.

Deimel, Klaus (1989): Grundlagen des Involvement und Anwendung im Marketing, in: Markting ZFP, 11. Jg., Nr. 3, S. 153-161.

DeVellis, R.F. (1991): Scale Development: Theory and Applications, Newbury Park.

Diamantopoulos, Adamantios; Winklhofer, Heidi M. (2001): Index Construction with Formative Indicators: An Alternative to Scale Development, in: Journal of Marketing Research, Vol. 38, No. 2, pp. 269-277.

Diekmann, Andreas (2006): Empirische Sozialforschung: Grundlagen, Methoden, Anwendungen, 15. Auflage, Hamburg.

Diller, Hermann (2001): Vahlens Großes Marketing Lexikon, 2. Auflage, München.

Dobni, Dianne; Zinkhan, George M. (1990): In Search of Brand Image: a Foundation Analysis, in: Advances in Consumer Research, Vol. 17, No. 1, pp. 110-119.

Drengner, Jan (2006): Imagewirkungen von Eventmarketing. Entwicklung eines ganzheitlichen Messansatzes, 2. Auflage, Wiesbaden.

Dubé, Laurette; Schmitt, Bernd H.; Bridges, Sheri (1992): Categorization Research and Brand Extensions, in: Advances in Consumer Research, Vol. 19, No. 1, pp. 255-256.

Eberl, Marcus (2006): Formative und reflektive Konstrukte und die Wahl des Strukturgleichungsverfahrens, in: Die Betriebswirtschaft, 66. Jg., Nr. 6, S. 651-668.

Efron, Bradley; Tibshirani, Robert J. (1993): An Introduction to the Bootstrap, New York.

Efron, Bradley; Gong, Gail (1983): A Leisurely Look at the Bootstrap, the Jackknife and Cross Validation, in: The American Statistican, Vol. 37, No. 1, pp. 36-48.

Eggert, Andreas; Fassott, Georg (2003): Zur Verwendung formativer und reflektiver Indikatoren in Strukturgleichungsmodellen, in: Kaiserslauterer Schriftenreihen Marketing, Nr. 20, S. 1-24.

Esch, Franz-Rudolf; Herrmann, Andreas; Sattler, Henrik (2008): Marketing: Eine managementorientierte Einführung, 2. Auflage, München.

Esch, Franz-Rudolf (2007a): Markenprofilierung und Markentransfer, in: Albers, Sönke; Herrmann Andreas (Hrsg.): Handbuch Produktmanagement, 3. Auflage, Wiesbaden, S. 191-215.

Esch, Franz-Rudolf (2007b): Strategie und Technik der Markenführung, 4. Auflage, München.

Esch, Franz-Rudolf; Redler, Jörn (2006): Markenallianzen gestalten, in: Esch, Franz-Rudolf: Corporate Brand Management: Marken als Anker strategischer Führung von Unternehmen, S. 174-187.

Esch, Franz-Rudolf (2005): Markenpositionierung als Grundlage der Markenführung, in: Esch, Franz-Rudolf (Hrsg.): Moderne Markenführung: Grundlagen, Innovative Ansätze, Praktische Umsetzungen, 4. Auflage, Wiesbaden, S. 133-163.

Esch, Franz-Rudolf; Fuchs, M.; Bräutigam, S.; Redler, J. (2005): Konzeption und Umsetzung von Markenerweiterungen, in: Esch, Franz-Rudolf (Hrsg.): Moderne Markenführung: Grundlagen, Innovative Ansätze, Praktische Umsetzungen, 4. Auflage, Wiesbaden, S. 907-946.

Esch, Franz-Rudolf (2003): Strategie und Technik der Markenführung, 1. Auflage, München.

Esch, Franz-Rudolf (1999): Wirkung integrierter Kommunikation, 2. Auflage, Wiesbaden.

Evanschitzky, Heiner (2003): Erfolg von Dienstleistungsnetzwerken. Ein Netzwerkmarketingansatz, Wiesbaden.

Farquhar, Peter H.; Han, Julia Y.; Herr, Paul M. (1992): Strategies for Leveraging Master Brands, in: Marketing Research, Vol. 4, No. 3, pp. 32-43.

Farquhar, Peter H. (1989): Managing Brand Equity, in: Marketing Research, September, pp. 24-33.

Fassott, Georg M; Eggert, Andreas (2005): Zur Verwendung formativer und reflektiver Indikatoren in Strukturgleichungsmodellen: Bestandaufnahme und Anwendungsempfehlungen, in: Biemel, Friedhelm et al. (Hrsg.): Handbuch PLS-Modellierung: Methoden - Anwendungen - Praxisbeispiele, Stuttgart, S. 31-48.

Fishbein, Martin; Ajzen, Icek (1975): Belief, Attitude, Intention and Behaviour: An Introduction to Theory and Research, Addison-Wesley.

Fishbein, Martin (1967): An Behaviour Theory Approach to the Relation between Beliefs about a Object and the Attitude toward the Object, in: Fishbein, Martin (Hrsg.): Readings in Attitude Theory and Measurement, New York et al., S. 389-400.

Fiske, Susan T.; Neuberg, S.L.; Beattie A.E.; Miller S.J. (1987): Category-Based and Attribute-Based Reactions to Others: Some Informational Conditions of Stereotyping and Individuating Processes, in: Journal of Experimental Social Psychology, Vol. 23, No. 1, pp. 399-427.

Fiske, Susan T.; Pavelchak, Mark A. (1986): Category-Based versus Piecemeal-Based and Affective Responses, in: Sorrentino, Richard M.; Higgins, Tory E. (Hrsg.): Handbook of Motivation and Cognition, New York, S. 167-203.

Fiske, Susan T.; Taylor, Shelley E. (1984): Social Cognition, New York.

Fornell, Claes; Cha, Jaesung (1994): Partial Least Squares, in: Bagozzi, Richard P. (Hrsg.): Advanced Methods of Marketing Research, Cambridge, S. 52-78.

Fornell, Claes; Bookstein, Fred L. (1982): Two Structural Equation Models: LISREL and PLS Applied to Consumer Exit-Voice Theory, in: Journal of Marketing Research, Vol. 19, No. 4, pp. 440-452.

Fornell, Claes; Larcker, David F. (1981): Evaluating Structural Equation Models with Unobservable Variables and Measurement Error, in: Journal of Marketing Research, Vol. 18, No. 1, pp. 39-50.

Foscht, Thomas; Swoboda, Bernhard (2007): Käuferverhalten: Grundlagen – Perspektiven - Anwendungen, 3. Auflage, Wiesbaden.

Freter, Hermann; Baumgarth, Carsten (2005): Ingredient Branding: Begriff und theoretische Grundlagen, in: Esch, Franz-Rudolf (Hrsg.): Moderne Markenführung, 4. Auflage, Wiesbaden, S. 455-503.

Freter, Hermann (2004): Marktsegmentierung und Markenpolitik, in: Bruhn, Manfred (Hrsg.): Handbuch für Markenführung, 2. Auflage, Band 1, Wiesbaden, S. 315-343.

Fuchs, Marcus (2004): Verpackungsgestaltung bei Markenerweiterung, Wiesbaden.

Gaeth, Gary J.; Levin, Irwin P.; Chakraborty, Goutam; Levin, Aron M. (1990): Consumer Evaluation of Multi-Product Bundles: An Information Integration Analysis, in: Marketing Letters, No. 1; pp. 47-57

Gaiser, Brigitte; Trittler, Sonja (2005): Co-Branding - Eine Alternative auch bei Lebensmittelmarken, in: Gaiser, Brigitte; Linxweiler, Richard; Brucker, Vincent (Hrsg.): Praxisorientierte Markenführung: Neue Strategien, innovative Instrumente und aktuelle Fallstudien, Wiesbaden, S. 443-462.

Gefen, David; Straub, Detmar W.; Boudreau, Marie-Claude (2000): Structural Equation Models and Regression: Guidelines for Research Practice, in: Communications of the Association for Information Systems, Vol. 4, S. 1-79.

Gerbing, David W.; Anderson, James C. (1988): An Updated Paradigm for Scale Development Incorporating Unidimensionality and its Assessment, in: Journal of Marketing Research, Vol. 25, No. 2, pp. 186-192.

Gierl, Heribert; Plantsch, Michael (2008): Produktdesign für Brand Extensions und Nachfolgeprodukte, in: Bauer, Hans H.; Huber, Frank; Albrecht, Carmen-Maria (Hrsg.): Erfolgsfaktoren der Markenführung: Know-how aus Forschung und Management, München, S. 208-221.

Giersch, Judith (2008): Corporate Brand Management international tätiger Unternehmen, Dissertation, Universität Trier.

Glogger, Anton (1999): Imagetransfer im Sponsoring: Entwicklung eines Erklärungsmodells, Frankfurt am Main et al.

Götz, Oliver; Liehr-Gobbers, Kerstin (2004): Der Partial-Least-Squares (PLS)-Ansatz zur Analyse von Strukturgleichungsmodellen, Arbeitspapier des Instituts für Marketing Nr. 2, Universität Münster.

Grewal, Dhruv; Monroe, Kent B.; Krishnan, R. (1998): The Effects of Price Comparison Advertising on Buyers`Perceptions of Adquisitation Value, Transaction Value, and Behavioral Intentions, Journal of Marketing, Vol. 62, No. 2, pp. 46-59.

Gujarati, Damodar N. (2003): Basic Econometrics, New York et al.

Gutman, Jonathan (1982): A Means-End Chain Model Based on Consumer Categorization Processes, in: Journal of Marketing, Vol. 46, No. 2, pp. 60-73.

Günther, Stephan (2002): Wahrnehmung und Beurteilung von Markentransfers: Erfolgsfaktoren für Transferprodukte und Markenimage, Wiesbaden.

Hadjicharalambous, Costas (2001): Show me Your Friends and I Will Tell You Who You Are, Ann Arbor.

Hahn, Carsten (2002): Segmentspezifische Kundenzufriedenheitsanalyse: neue Ansätze zu Segmentierung von Märkten, Wiesbaden.

Hammann, Peter; Erichson, Bernd (2000): Marktforschung, 4. Auflage, Stuttgart.

Hartmann, Andreas; Sattler, Hendrik; Völckner, Franziska (2003): Lizenzmarketing: Gut florierendes Geschäft, in: Absatzwirtschaft, Nr. 3, S. 94-97.

Hasher, Lynn; Zacks, Rose T. (1984): Automatic Processing of Fundamental Information, in: American Psychologist, Vol. 39, No. 6, pp. 1372-1388.

Hätty, Holger (1994): Markentransferstrategie, in: Bruhn, Manfred (Hrsg.): Handbuch Markenartikel, Band 1, S. 561-582, Stuttgart.

Hätty, Holger (1989): Der Markentransfer, Heidelberg.

Hem, Leif E.; Iversen, Nina M. (2003): Transfer of Brand Equity in Brand Extensions: The Importance of Brand Loyalty, in: Advances in Consumer Research, Vol. 30, No. 1, pp. 72-79.

Herrmann, Andreas; Huber, Frank; Kressmann, Frank (2006): Varianz- und kovarianzbasierte Strukturgleichungsmodelle – Ein Leitfaden zu deren Spezifikation, Schätzung und Beurteilung, in: Zeitschrift für betriebliche Forschung, 58. Jg., S. 34-66.

Herrmann, Andreas; Homburg, Christian (2000): Marktforschung: Ziele, Vorgehensweisen und Methoden, in: Herrmann, Andreas; Homburg, Christian (Hrsg.): Marktforschung: Methoden – Anwendungen – Praxisbeispiele, 2. Auflage, Wiesbaden.

Hermann, Andreas (1998): Produktmanagement, München.

Hildebrandt, Lutz (1984): Kausalanalytische Validierung in der Marketingforschung, in: Marketing – Zeitschrift für Forschung und Praxis, Heft 1, S. 41-51.

Homburg, Christian; Klarmann Martin (2006): Die Kausalanalyse in der empirischen betriebswirtschaftlichen Forschung – Problemfelder und Anwendungsempfehlungen, in: Die Betriebswirtschaft, 66. Jg., Nr. 6, S. 727-748.

Homburg, Christian; Pflesser, Christian (2000): Strukturgleichungsmodelle mit latenten Variablen: Kausalanalyse, in: Herrmann, Andreas; Homburg, Christian (Hrsg.): Marktforschung: Methoden, Anwendungen, Praxisbeispiele, 2. Auflage, Wiesbaden, S. 633-359.

Homburg, Christian; Dobratz, Andreas (1998): Iterative Modellselektion in der Kausalanalyse, in: Hildebrandt, Lutz; Homburg, Christian (Hrsg.): Die Kausalanalyse: Ein Instrument der betriebswirtschaftlichen Forschung, Stuttgart, S. 447-474.

Homburg, Christian; Giering, Annette (1998): Konzeptualisierung und Operationalisierung komplexer Konstrukte - Ein Leitfaden für die Marketingforschung, in: Hildebrandt, Lutz; Homburg, Christian (Hrsg.): Die Kausalanalyse: Ein Instrument der betriebswirtschaftlichen Forschung, Stuttgart, S. 111-146.

Homburg, Christian; Hildebrandt, Lutz (1998): Die Kausalanalyse: Bestandsaufnahme, Entwicklungsrichtungen, Problemfelder, in: Hildebrandt, Lutz; Homburg, Christian (Hrsg.): Die Kausalanalyse. Instrumente der empirischen betriebwirtschaftlichen Forschung, Stuttgart, S. 15-43.

Homburg, Christian (1992): Die Kausalanalyse – Eine Einführung, in: Wirtschaftswissenschaftliches Studium, Heft 10, S. 499-508.

Hovland, Carl I.; Rosenberg, Milton J. (1960): Summary and Further Theoretical Issues, in Hovland, Carl I.; Rosenberg, Milton J. (Hrsg.): Attitude Organization and Change: An Analysis of Consistency among Attitute Components, New Haven, S. 198-232.

Howard, John A. (1994): Buyer Behavior in Marketing Strategy, 2. Auflage, Prentice Hall.

Huber, Frank; Matthes, Isabel; Dreckmeier, Lars; Schunk, Holger (2008): Erfolgsfaktoren des Sportsponsorings bei Großereignissen: Eine empirische Analyse, Wiesbaden.

Huber, Frank; Herrmann, Andreas; Meyer, Frederik; Vogel, Johannes; Vollhardt, Kai(2007): Kausalmodellierung mit Partial Least Squares, Wiesbaden.

Huber, Frank (2004a): Erfolgsfaktoren von Markenallianzen, Wiesbaden.

Huber, Frank (2004b): Markenallianzen, in: Bruhn, Manfred (Hrsg.): Handbuch Markenführung. Band 1, 2. Auflage, Stuttgart.

Huber, Jan-Alexander (2005): Co-Branding als Strategieoption in der Markenpolitik, Wiesbaden.

Hulland, John (1999): Use of Partial Least Squares (PLS) in Strategic Management Research: A Review of Four Recent Studies, in: Strategic Management Journal, Vol. 20, pp. 195-204.

Hüttermann, Marcus U. (1991): Chancen und Risiken des Co-Branding, Hamburg.

Jarvis, Cheryl B.; MacKenzie, Scott B.; Podsakoff, Philipp M. (2003): A Critical Review of Construct Indicators and Measurement Model Misspecifications in Marketing and Consumer Research, in: Journal of Consumer Research, Vol. 30, No. 2, pp. 199-218.

Jäpel, Werner (1985): Die Qualität alternativer Rating-Formen und ihre Einflußgrößen, Regensburg.

Janiszewski, Chris; Van Osselaer, Stijn M.J. (2000): A Connection Model of Brand-Quality Assoziations, in: Journal of Marketing Research, Vol. 37, No. 3, pp. 331-350.

Kardes, Frank R.; Allen, Chris T. (1991): Advances in Consumer Research, in: Advances in Consumer Research, Vol. 18, No. 1, pp. 392-398.

Kaufmann, Gwen (2007): Rückwirkungen von Markentransfers auf die Muttermarke, Wiesbaden.

Keller, Kevin L. (2008): Strategic Brand Management: Building, Measuring, and Managing Brand Equity, 3. Auflage, New Jersey.

Keller, Kevin L. (2003): Brand Synthesis: The Multidimensionality of Brand Knowledge, in: Journal of Consumer Research, Vol. 29, No. 4, pp. 595-600.

Keller, Kevin L. (1993): Conceptualizing, Measuring, and Managing Customer-Based Brand Equity, in: Journal of Marketing, Vol. 57, No.1, pp. 1-22.

Keller, Kevin L.; Aaker, David A. (1992): The Effects of Corporate Images and Branding Strategies on New Product Evaluations, in: Working Paper, No. 1216, Stanford University.

Kerby, Joe Kent (1967): Semantic Generalization in the Formation of Consumer Attitudes, in: Journal of Marketing Research, Vol. 4, No. 3, pp. 314-317.

Keuper, Frank; Hannemann, Henrike; Hintzpeter, Reimer (2008): Means-End-Chains-Analyse zur Positionierung und Gestaltung von Services, in: Keuper, Frank; Hogenschurz, Bernard (Hrsg.): Sales & Service: Management, Marketing, Promotion und Performance, Wiesbaden.

Klink, Richard; Smith, David C. (2001): Threats of the External Validity of Brand Extension Research, in: Journal of Marketing Research, Vol. 38, No. 3, pp. 326 - 335.

Kloss, Ingomar (2007): Werbung. Handbuch für Studium und Praxis, 4. Auflage, München.

Kopalle, Praveen K.; Lehmann, Donald R. (2001): Strategic Management of Expectations: The Role of Disconfirmation Sensitivity and Perfectionism, in: Journal of Marketing Research, Vol. 38, No. 3, pp. 386-394.

Krafft, Manfred; Götz, Oliver; Liehr-Gobbers, Kerstin (2005): Die Validierung von Strukturgleichungsmodellen mit Hilfe des Partial-Least-Squares (PLS-) Ansatzes, in: Bliemel, Friedhelm et al. (Hrsg.): Handbuch PLS-Pfadmodellierung: Methode - Anwendung – Praxisbeispiele, Stuttgart, S. 71-86.

Kroeber-Riel, Werner; Weinberg, Peter (2003): Konsumentenverhalten, 8. Auflage, München.

Kröger, Sonja (2007): Markentransfer im Dienstleistungsbereich: Eine empirische Analyse der Erfolgsfaktoren, Wiesbaden.

Kutz, Oliver (2000): Strategischen Lizenzmarken-Management: Eine empirische Analyse unter besonderer Berücksichtigung der kritischen Erfolgsfaktoren, München et al.

Kutz, Oliver (2004): Lizenzmarkenmanagement, in: Zerres, Christopher; Zerres, Michael P. (Hrsg.): Marktforschung – Analyse aktueller Ansätze in Wissenschaft und Praxis, München et al., S. 113-137.

Kuß, Alfred; Tomczak, Torsten (2004): Käuferverhalten: Eine marketingorientierte Einführung, 3. Auflage, Stuttgart.

Lafferty, Barbara A.; Goldsmith, Ronald E.; Hult, G. Tomas M. (2004): The Impact of the Alliance on the Partners: A Look of Cause-Brand Alliances, in: Psychology & Marketing, Vol. 21, No. 7, pp. 509-531.

Lane, Vicky; Jacobson Robert (1997): The Reciprocal Impact of Brand Leveraging: Feedback Effects from Brand Extension Evaluation to Brand Evaluation, in: Marketing Letters, Vol. 8, No. 3, pp. 261-271.

Lane, Vicky; Jacobson Robert (1995): Stock Market Reactions to Brand Extension Announcements: The Effects of Brand Attitude and Familiarity, in. Journal of Marketing, Vol. 59, No. 1, S. 63-77.

LaPiere, Richard T. (1934): Attitudes Versus Actions, in: Social Forces, 13, pp. 230-237.

Laroche, M.; Kim C.; Zhou, L. (1996): Brand Familiarity and Confidence as Determinants of Purchase Intention, in: Journal of Business Research, Vol. 37, No. 2, pp. 115-120.

Levin, Aron M.; Davis, Charlene J.; Levin, Irwin (1996): Theoretical and Empirical Linkages between Consumers Responses to Different Branding Strategies, in: Advances in Consumer Research, Vol. 23, No.1, pp. 296-300.

Levin, Irwin P.; Gaeth, Gary J. (1988): How Consumers Are Affected by the Framing of Attribute Information Before and After Consuming the Product, in: Journal of Consumer Research, Vol. 15, No. 3, pp. 372-378.

Lippitz, Ulf (2008): Der Tisch zum Kleid, http://www.tagesspiegel.de/zeitung/Zu-Hause;art7760,2515719, letzter Abruf: 04. Oktober 2008.

Ludewig, Dirk (2006): Markenlizenzwert: Charakterisierung und Ebenenbetrachtung unter besonderer empirischen Berücksichtigung von markenlizenzspezifischen Rückwirkungen, Hannover.

Lutz, Richard (1991): The Role of Attitude Theory in Marketing, in: Kassarjian, Harold H.; Bennett, Peter D. (Hrsg.): Consumer Behaviour, 1. Auflage, New York, S. 233-250.

Lohmöller, Jan-Bernd (1989): Latent Variable Path Modeling with Partial Least Squares, Heidelberg.

Low, George S.; Lamp Charles W. (2000): The measurement and Dimensionality of Brand Associations, in: Journal of Product & Brand Management, Vol. 9, No. 6, pp. 350-368.

MacCallum, Robert C.; Browne, Michael W. (1993): The Use of Causal Indicators in Covariance Structure Models: Some Practical Issues, in: Psychological Bulletin, Vol. 114, No. 3, pp. 533-541.

Mahnik, Nina; Mayerhofer, Wolfgang (2006): Erfolgsfaktoren von Markenerweiterungen, Wiesbaden.

Mandler, George (1982): The Structure of Value: Accounting for Taste, in: Clark, Margaret S.; Fiske, Susan T. (Hrsg.): Affect and Cognition, Hillsdale, S. 3-36.

Mano, H.; Davis, S.M. (1990): The Effects of Familiarity on Cognitive Maps: in: Advances in Consumer Research, Vol. 17, o.H., pp. 275-282.

Martinez, Eva; Pina, Josè M. (2005): Influence of Corporate Image on Brand Extensions: A Model Applied to the Service Sector, in: Journal of Marketing Communications, Vol. 11, No. 4, pp. 263-281.

Mayer, Hans; Illmann, Tina (2000): Markt- und Werbepsychologie, 3. Auflage, Stuttgart.

Mayerhofer, Wolfgang (1995): Imagetransfer: Die Nutzung von Erlebniswelten für die Positionierung von Ländern, Produktgruppen und Marken, Wien.

McCarthy, Michael S.; Norris, Donald G. (1999): Improving Competitive Position Using Branded Ingredients, in: The Journal of Product and Brand Management, Vol. 8, No. 4, pp. 267-280.

Meffert, Heribert; Burmann, Christoph; Kirchgeorg, Manfred (2008): Marketing - Grundlagen marktorientierter Unternehmensführung: Konzepte - Instrumente - Praxisbeispiele, 10. Auflage, Wiesbaden.

Meffert, Heribert; Burmann, Christoph; Koers, Martin (2005): Markenmanagement: Identitätsorientierte Markenführung und praktische Umsetzung, 2. Auflage, Wiesbaden.

Mervis, Carolyn B.; Rosch, Eleanor (1981): Categorization of Natural Objects, in: Annual Review of Psychology, Vol. 32, o.H., pp. 89-115.

Meyers-Levy, Joan; Tybout, Alice M. (1989): Schema Congruity as a Basis for Product Evaluation, in: Journal of Consumer Research, Vol. 16, No. 1, pp. 39-49.

Meyvis, Tom; Janiszewski, Chris (2004): When Are Broader Brands Stronger Brands? An Accessibility Perspective in the Success of Brand Extensions, in: Journal of Consumer Research, Vol. 31, No. 2, pp. 346-357.

Milberg, Sandra J.; Park, Whan C.; McCarthy, Michael C. (1997): Managing Negative Feedback Effects Associated With Brand Extensions: The Impact of Alternative Branding Strategies, in: Journal of Consumer Psychology, Vol. 6, No. 2, pp. 119-140.

Möll, Thorsten (2007): Messung und Wirkung von Markenemotionen: Neuromarketing als neuer verhaltenswissenschaftlicher Ansatz, Wiesbaden.

Mummendey, Hans D. (1988): Die Beziehung zwischen Verhalten und Einstellung, in: Mummendey, Hans D. (Hrsg.): Verhalten und Einstellungen, Berlin et al., S. 1-26.

Nelson, Phillip (1970): Information and Consumer Behavior, in: Journal of Political Economy, Vol. 78, pp. 311-329.

Nieschlag, Robert; Dichtl, Erwin; Hörschgen, Hans (2002): Marketing, 2. Auflage, Berlin.

Nijssen, Edwin J.; Bucklin, Louis P. (1998): The Effect of Involvement upon Brand Extension, Working Paper, Universität Nijmegen/California.

Nijssen, Edwin J.; Hartmann, D. (1994): Consumer Evaluations of Brand Extensions: An Integration of Previous Research, in: Working Paper, Rotterdam Institute for Business Economies Studies.

Oakley, James L.; Balachander, Subramanian; Sriram, S. (2005): Understanding the Simultaneous Effects of Category Fit and Order of Entry on Consumer Perceptions of Brand Extensions, in: Advances in Consumer Research, Vol. 32, No. 1, pp. 135 f.

Ohlwein, Martin; Schiele, Thomas P. (1994): Co-Branding, in: Wirtschaftswissenschaftliches Studium, 23. Jg., No. 11, pp. 511-578.

Osgood, Charles; Suci, George J.; Tannenbaum, Percy H. (1957): The Measurement of Meaning, Chicago, London.

O.V. (2008a): Lizenz zum Polstern, http://www.sueddeutsche.de/leben/artikel/108/165636, letzter Abruf: 01. Oktober 2008.

O.V. (2008b): http://www.esprit.de/, letzter Abruf: 28. September 2008.

O.V. (2008c): http://www.kludi.com/pressnew/LangDE/Fach_Concept_DE.doc, letzter Abruf: 02. September 2008.

Panten, Georg (2005): Internet-Geschäftsmodell Virtuelle Community. Analyse der zentralen Erfolgsfaktoren unter Verwendung des Partial-Least-Squares (PLS)-Ansatzes, Wiesbaden.

Park, C. Whan; Milberg, Sandra; Lawson, Robert (2005): Beurteilung der Markenerweiterungen, in: Esch, Franz-Rudolf (Hrsg.): Moderne Markenführung, 4. Auflage, S. 827-842.

Park, C. Whan; Jun, Sung Y.; Shocker, Allan D. (1996): Composite Branding Alliances: An Investigation of Extension and Feedback Effects, in: Journal of Marketing Research, Vol. 33, No. 4, pp. 453-466.

Park, Whan C.; McCarthy, Michael C.; Milberg, Sandra (1993): The Effects of Direct and Associative Brand Extension Strategies on Consumer Response to Brand Extensions, in: Advances in Consumer Research, Vol. 20, No. 1, pp. 28-33.

Park, C. Whan; Milberg, Sandra; Lawson, Robert (1991): Evaluation of Brand Extensions: The Role of Product Feature Similarity and Brand Concept Consistency, in: Journal of Consumer Research, Vol. 18, No. 2, pp. 185-193.

Park, Jong-Won; Kim, Kyeong-Heui (2001): Role of Consumer Relationship with a Brand in Brand Extensions: Some Exploratory Findings, in: Advances in Consumer Research, Vol. 28, No. 1, pp. 179-185.

Park, Jong-Won; Kim, Kyeong-Heui; Kim, Jungkeun (2002): Acceptance of Brand Extensions: Interactive Influences of Product Category Similarity, Typicality of Claimed Benefit, and Brand Relationship Quality, in: Advances in Consumer Research, Vol. 29, No. 1, pp. 190-198.

Pepels, Werner (2007): Produktmanagement: Produktinnovation, Markenpolitik, Programmplanung, Prozessorganisation. 5. Auflage, München.

Priemer, Verena (2000): Bundling im Marketing: Potentiale - Strategien - Käuferverhalten, Frankfurt.

Quester, Pascale G.; Thompson, Beverley (2001): Advertising and Promotion Leverage on Arts Sponsorship Effectiveness, in: Journal of Advertising Research, Vol. 41, No. 1, pp. 33-47.

Raab, Gerhard; Unger, Alexander; Unger, Fitz (2007): Methoden der Marketingforschung, Wiesbaden.

Rao, Ashkay R. (1997): Strategic Brand Alliances, in: Journal of Brand Management, Vol. 5, No. 2, pp. 111-119.

Rao, Ashkay R.; Rueckert, Robert W. (1994): Brand Alliances as Signal of Product Quality, in: Sloan Management Review, Vol. 36, No. 1, pp. 87-98.

Reddy, Srinivas K.; Holak, Susan L.; Bhat, Subodh (1994): To Extend or Not to Extend: Success Determinants of Line Extensions, in: Journal of Marketing Research, Vol. 31, No. 2, pp. 243-262.

Regier, Stefanie (2007): Markterfolg radikaler Innovationen – Determinanten des Akzeptanzverhaltens. Wiesbaden.

Reinstrom, Christian (2007): Steuerung des Markentransfererfolgs, Dissertation, Universität Hamburg.

Ringle, Christian M. (2004a): Messung von Kausalmodellen: Ein Methodenvergleich, Arbeitspapier Industrielles Management, Nr. 14, Universität Hamburg.

Ringle, Christian M. (2004b): Gütemaße für den Partial Least Squares-Ansatz zur Bestimmung von Kausalmodellen, Arbeitspapier Industrielles Management, Nr. 16, Universität Hamburg.

Roman, Hope S. (1969): Semantic Generalization in Formation of Consumer Attitudes, in: Journal of Marketing Research, Vol.6, No. 3, pp. 369-373.

Salcher, Ernst F.; Hoffelt, Petra (1995): Psychologische Marktforschung, 2. Auflage, Berlin, New York.

Sattler, Henrik (1998): Beurteilung der Erfolgschancen von Markentransfers, in: Zeitschrift für Betriebswirtschaft, 68. Jg., Nr. 5, S. 475-495.

Sattler, Henrik; Völckner, Franziska (2006): Markentransfer: Der Stand der Forschung, in: Strebinger, Andreas; Mayerhofer, Wolfgang; Kurz, Helmut (Hrsg.): Werbe- und Markenforschung. Meilensteine – State of the Art – Perspektiven, Wiesbaden, S. 53-75.

Sattler, Henrik (2005): Markenstrategien für neue Produkte, in: Esch, Franz-Rudolf (Hrsg.): Moderne Markenführung, 4. Auflage, Wiesbaden, S. 503-523.

Sattler, Henrik (2003): Markentransferstrategien, in: Research Papers on Marketing and Retailing, No. 12, Universität Hamburg.

Sattler, Henrik; Völckner, Franziska (2003): Erfolgsfaktoren von Markentransfers, in: Zeitschrift für die Betriebswirtschaft (ZfB), 73. Jg., Nr. 10, S. 1077-1102.

Sattler, Henrik; Völckner, Franziska; Zatloukal, Grit (2003): Erfolgsfaktoren von Markentransfers, in: Marketing – Zeitschrift für Forschung und Praxis, 25. Jg. Nr. 3, S. 147-168.

Sattler, Henrik; Völckner, Franziska; Zatloukal, Grit (2002a): Erfolgsfaktoren von Markentransfers. Research Papers on Marketing and Retailing, Nr. 2, Universität Hamburg.

Schulze, Peter M. (2007): Beschreibende Statistik, 6. Auflage, München.

Schweiger, Günther; Schrattenecker, Gertraut (2005): Werbung: Eine Einführung, 6. Auflagen, Stuttgart.

Schweiger, Günther (1995): Image und Imagetransfer. Tietz, Bruno; Köhler Richard.; Zentes Joachim (Hrsg.): Handwörterbuch des Marketing, 2. Auflage, Stuttgart.

Seel, Norbert M. (2003): Psychologie des Lernens: Lehrbuch für Pädagogen und Psychologen, 2. Auflage, München, Basel.

Shamdasani, Prem M.; Stanahold, Andrea J. S.; Tan, Juliane (2001): Location, Location, Location: Insights for Advertising Placement on the Web, in: Journal of Advertising Research, Vol. 41, No. 4, pp. 7-21.

Sheinin, Daniel A.; Schmitt Bernd H. (1994): Extending Brands with New Product Concepts: The Role of Category Attribute Congruity, Brand Effect, and Brand Breadth, in Journal of Business Research, Vol. 31, No. 1, pp. 1-10.

Simonin, Bernhard L.; Ruth, Julie A. (1998): Is a Company Known by the Company It Keeps?, in: Journal of Marketing Research, Vol. 35, No. 1, pp. 30-42.

Six, Bernd (1980): Das Konzept der Einstellung und seine Relevanz für die Vorhersage des Verhaltens, in: Petermann, F. (Hrsg.): Einstellungsmessung – Einstellungsforschung, Göttingen, Toronto, S. 55-84.

Smith, Daniel C.; Park, C. Whan (1992): The Effects of Brand Extensions on Market Share and Marketing Efficiency, in: Journal of Marketing Research, Vol. 29, No. 3, pp. 296-313.

Spengel, Andreas (2005): Allianzen in der Markenführung: Ansatz zur Planung kooperativer Markenstrategien, Wiesbaden.

Spethmann, Betsy; Benezra, Karen (1994): Co-Brand or be Damned, in: Brandweek, Vol. 35, No. 45, pp. 21-24.

Stewart, Allyson L. (1995): Cobranding Just Starting in Europe, in: Marketing News, Vol. 29, No. 4, p. 5.

Stipp, Horst; Schiavone, Nicholas P. (1996): Modelling the Impact of Olympic Sponsorship on Corporate Image, in: Journal of Advertising Research, Vol. 36, No. 4, pp. 22-28.

Stroebe, Wolfgang (1980): Grundlagen der Sozialpsychologie, Stuttgart.

Sullivan, Mary W. (1998): How Brand Names Affect the Demand for Twin Automobiles, in. Journal of Marketing Research, Vol. 35, No. 2, pp. 154-165.

Sunde, Lorraine; Brodie, Roderick J. (1993): Consumer Evaluations of Brand Extensions: Further Empirical Results, in: International Journal of Research in Marketing, Vol. 10, pp. 47-53.

Taylor, Valerie A.; Bearden, William O. (2003): Ad Spending on Brand Extensions: Does Similarity Matter?, in: Journal of Brand Management, Vol. 11, No. 1, pp. 63-74.

Thorbjörnsen, Helge (2005): Brand Extensions: Brand Concept Congruency and Feedback Effects Revisited, in: Journal of Product & Brand Management, Vol. 14, No. 4, pp. 250-257.

Trumpfheller, Jürgen (2005): Kundenbindung in der Versicherungswirtschaft, Hannover.

Totzek, Dirk; Herrmann, Karin (2008): Erfolgsfaktoren des Markentransfers von Luxusmarken, in: Bauer, Hans H.; Huber, Frank; Albrecht, Carmen-Maria (Hrsg.): Erfolgsfaktoren der Markenführung: Know-how aus Forschung und Management, S. 260-272.

Trommsdorff, Volker (2004): Konsumentenverhalten, 6. Auflage, Stuttgart.

Trommsdorff, Volker (1976): Image- und Einstellungsmessung in der Marktforschung: theoretische und pragmatische Argumente zu mehrdimensionalen Messung, in: Der Markt, 15. Jg., Nr. 57, S. 28-32.

Trommsdorff, Volker (1975): Die Messung von Produktimages für das Marketing - Grundlagen und Operationalisierung, Köln et al.

Van Osselaer, Stijn M. J.; Alba, Joseph W. (2003): Locus of Equity and Brand Extension, in: Journal of Consumer Research, Vol. 29, No. 4, pp. 539-550.

Van Riel, Allard C.R.; Ouwersloot, Hans (2005): Extending Electronic Portals with New Services: Exploring the Usefulness of Brand Extension Models, in: Journal of Retailing & Consumer Services, Vol. 12, No. 4, pp. 245-254.

Vogel, Johannes; Huber, Frank (2007): Co-Branding: Markenstrategie der Zukunft, Lohmar.

Völckner, Franziska; Sattler, Henrik (2007): Empirical Generalizability of Consumer Evaluations of Brand Extensions, in: International Journal of Research in Marketing, 24. Jg., Nr. 2, S. 149-162.

Völckner, Franziska; Sattler, Henrik (2006): Drivers of Brand Extension Succes, in: Journal of Marketing, 70. Jg., Nr. 2, S. 18-34.

Völckner, Franziska (2004): Erfolgsfaktoren des Markentransfers: Eine kausalanalytische Betrachtung, in: Zeitschrift für Betriebswirtschaft, 74. Jg., Nr. 11, S. 1137-1162.

Völckner, Franziska (2003): Neuprodukterfolg bei kurzlebigen Konsumgütern: Eine empirische Analyse der Erfolgsfaktoren von Markentransfers, Wiesbaden.

Volkmann, Michael; Tarlatt, Alexander; Steinbiß, Kristina (2007): Brandstretching, in: Marketing Journal, Nr. 12, pp. 14-17.

Vollhardt, Kai (2007): Management von Markenportfolios. Gestaltung und Erfolgsauswirkungen aus Unternehmenssicht, Wiesbaden.

Voss, Kevin E.; Tansuhaj, Patriya (1999): A Consumer Perspective on Foreign Market Entry, in: Journal of International Consumer Marketing, Vol. 11, No. 2, pp. 39-58.

Walchi, S. B. (1996): The Effects of Between Partner Congruity on Consumer Evaluation of Co-Branded Products, Evanston.

Washburn, Judith H.; Till, Brian D.; Priluck, Randi (2004): Brand Alliance and Consumer-Based Brand-Equity Effects, in: Psychology & Marketing, Vol. 21, No. 7, pp. 487-508.

Weiber, Rolf; Adler, Jost (1995): Informationsökonomisch begründete Typologisierung von Kaufprozessen, in: Zeitschrift für betriebliche Forschung, 47. Jg., Nr. 1, S. 43-65.

Weiss, Peter A. (1992): Die Kompetenz von Systemanbietern. Ein neuer Ansatz des Marketing für Systemtechnologien, Berlin.

Wieseke, Jan (2004): Implementierung innovativer Dienstleistungsmarken: Erfolgsfaktoren und Gestaltungsvorschläge auf Basis einer empirischen Mehrebenenanalyse, Dissertation, Universität Marburg.

Wiezorek, Heinz; Wallinger, Albin (1997): Wachstum mit Gewinn, Stuttgart, Frankfurt.

Witte, Erich H. (1992): Das Einstellungskonzept: Alte Themen, neue Erklärungsversuche und theoretisches Modell, in: Witte, Erich H. (Hrsg.): Einstellung und Verhalten, Braunschweig, S. 35-60.

Wold, Herman (1980): Model Construction and Evaluation When the Theoretical Knowledge is Scarce: Theory and Application of Partial Least Squares, in: Kmenta, Jan; Ramsey, James B. (Hrsg.): Evaluation of Econometric Models, New York, S. 47-74.

Yoo, Boonghee; Donthu, Naveen; Lee, Sungho (2000): An Examination of Selected Marketing Mix Elements and Brand Equity, in: Journal of the Academy of Marketing Science, Vol. 28, No. 2, pp.195-211.

Zatloukal, Grit (2002): Erfolgsfaktoren von Markentransfers, Wiesbaden.

Zajonc, Robert B. (1968): Attitudinal Effects of Mere Exposure, in: Journal of Personality and Social Psychology, Vol. 9, No. 2, pp.1-27.

Zeithaml, Valerie A. (1988): Consumer Perception of Price, Quality, and Value: A Means-End Model and Synthesis of Evidence, in: Journal of Marketing, Vol. 52, No. 3, pp. 2-22.

MARKETING

Herausgegeben von Prof. Dr. Heribert Gierl, Augsburg, Prof. Dr. Roland Helm, Jena, Prof. Dr. Frank Huber, Mainz, und Prof. Dr. Henrik Sattler, Hamburg

Band 44
Frank Huber, Frederik Meyer und Corinna Nachtigall
Guerilla-Marketing als kreative Werbeform – Eine empirische Analyse am Beispiel der Marke MINI
Lohmar – Köln 2009 • 148 S. • € 43,- (D) • ISBN 978-3-89936-837-6

Band 45
Frank Huber, Stefanie Regier und Patrick Kissel
Kunden zu Fans machen – Markenloyalität in virtuellen Brand Communities
Lohmar – Köln 2009 • 176 S. • € 48,- (D) • ISBN 978-3-89936-852-9

Band 46
Frank Huber, Johannes Vogel, Frederik Meyer und Bernd Binar
Marken mit In-Game Advertising emotionalisieren – Eine empirische Analyse des Shootingstars der Werbebranche
Lohmar – Köln 2009 • 152 S. • € 43,- (D) • ISBN 978-3-89936-853-6

Band 47
Nadine Andratschke, Stefanie Regier und Frank Huber
Employer Branding als Erfolgsfaktor – Eine conjoint-analytische Untersuchung
Lohmar – Köln 2009 • 180 S. • € 48,- (D) • ISBN 978-3-89936-859-8

Band 48
Frank Huber, Frederik Meyer, Sabine Wilhelmi und Marc Schäfer
Phänomen Markenarchitektur – Eine empirische Studie zur Stärkung von Produktmarken im Konsumgüterbereich
Lohmar – Köln 2009 • 152 S. • € 47,- (D) • ISBN 978-3-89936-875-8

Band 49
Frank Huber, Katharina Riewe, Isabel Matthes und Johannes Vogel
Markenexpansionen erfolgreich gestalten – Ein empirischer Vergleich von Markenlizenzierung und Co-Branding am Beispiel einer Modemarke
Lohmar – Köln 2010 • 164 S. • € 47,- (D) • ISBN 978-3-89936-893-2

JOSEF EUL VERLAG